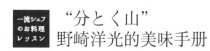

"分とく山"
野崎洋光的美味手册

日本料理完全掌握

〔日〕野崎洋光◇著　　刘晓冉◇译

U0250907

中国民族摄影艺术出版社

前言

本书详细解说了烹饪背后的原理，明白了这些，烹饪就会变得简单又有趣。

我在烹饪教室上课时经常说："请在家中制作料理吧，真的很有趣！"。现在厨房里一般都会有燃气灶、微波炉、热水器等各种加热设备，在超市也能买到所有想要的新鲜食材，这些都使在家制作料理变得越来越方便。厨房就像游乐场一样，可以根据自己的心情做喜欢的料理，也可以自己花心思设计装盘，如果再被家人称赞"很好吃呢"，真是没有比这更令人高兴的事情了。

此外，还想告诉大家的是，家庭料理具有餐厅做不出来的美味。因为在家制作料理不用提前备料，削皮、切分、加热等步骤都是连贯的，这样一气呵成做出的料理才能激发出食材原有的风味。可以说，只有家庭料理才具有这种新鲜的美味。

　　其实在家制作料理并不难，只需要几种常见的调味料。书中介绍的料理不会使用少见而不易获得的调味料，而且加热时间都很短，很快就能做好，不仅是烹调新手，就连小学生也能做得很好吃。此外，在制作时，也请大家试着思考一下"为什么要这样做"的问题。虽然书中料理的制作步骤都不多，但每一步都有它的意义。此外，还要注意调味的规则，搭配好各种调味料的比例，料理才会好吃。这本书将详细地告诉大家"为什么要这样做"。希望在本书的帮助下，大家都能做出美味的料理。一起来把每日餐桌变得丰盛又健康吧。

野崎洋光

目录

前言 ·················· 2

野崎主厨的
基础教程　需要先了解的基础知识 ········ 6

1 日本料理的基础是米饭和汤。 ······ 7

2 你知道焖出一锅好饭的步骤吗？ ····· 8

3 让我们来了解一下高汤吧。 ········ 10

4 味噌汤中一定要放高汤吗？ ········ 12

5 过度加热，就会使配菜变得难吃。 ···· 14

6 不会失败的野崎派调味法。 ········ 16

本书的使用方法 ·············· 18

第一章

煎烤料理和油炸料理

烤鱼的基本方法——盐烤 ·········· 20
　盐烧鰤鱼
　盐烤鲹鱼
　烤鲹鱼干
照烧2品 ················· 24
　照烧鰤鱼
　照烧鸡肉
浸味烤鱼4品 ··············· 30
　花椒芽烤鲷鱼
　柚香烤马鲛鱼
　南蛮烤鰤鱼
　利久烤金目鲷

味噌渍烤马鲛鱼 ·············· 34
玉子烧2品 ················· 38
　做好就吃的美味玉子烧
　凉了也好吃的玉子烧
炸大虾 ·················· 42

第二章

炖煮料理

淡煮马鲛鱼 ················ 48
【日本料理的变化】使用盐渍的鱼 ······· 51
　青花鱼热挂面
　金目鲷鱼清汤
味噌煮青花鱼 ··············· 52
煮鲔鱼 ·················· 54
萝卜泥煮鲽鱼 ··············· 58
醋煮沙丁鱼 ················ 60
和风烤牛肉 ················ 62
筑前煮2品 ················· 64
　传统筑前煮
　新式筑前煮
煮南瓜2品 ················· 68
　高汤炖南瓜
　南蛮煮南瓜
土豆炖肉2品 ··············· 72
　土豆炖牛肉
　土豆炖猪肉
高汤炖芋头 ················ 76
芋头煮鱿鱼 ················ 78
什锦锅 ·················· 80
【日本料理的变化】待客的生鱼片 ······· 84
　醋腌鲹鱼
　昆布腌鲽鱼
　鱿鱼的造型方法 春夏秋冬

春　干草拌鸣门鱿鱼

夏　凉拌唐草鱿鱼

秋　柚香凉拌松果鱿鱼

冬　老翁凉拌鱿鱼

第三章

小碟和副菜

酱油浸小松菜 …………………… 92

酱油浸煮茄子和菠菜 …………… 92

醋拌凉菜 ………………………… 96

　使用两杯醋　醋拌章鱼和裙带菜

　两杯醋的变化　醋拌海蕴／醋拌寒天

　使用三杯醋　姜泥醋淋大虾

　三杯醋的变化　黄瓜蟹棒卷／南蛮渍鸡肉

芝麻拌四季豆 …………………… 100

白拌油豆腐和魔芋丝 …………… 102

【日本料理的变化】日本的万能调味料——蛋

黄味噌 …………………………… 104

　味噌拌大虾和裙带菜

　使用蛋黄味噌的春夏秋冬料理

　　春　花椒芽味噌拌鱿鱼和竹笋

　　夏　绿紫苏味噌拌大虾

　　秋　利久味噌拌小芋头

　　冬　味噌配炖白萝卜

芝麻豆腐2品 …………………… 108

　明胶芝麻豆腐

　葛粉芝麻豆腐

甜味芝麻豆腐 …………………… 112

第四章

米饭和汤

什锦饭3品 ……………………… 114

　炒大豆饭

　鲷鱼饭

　沙丁雏鱼饭

五目糯米饭 ……………………… 118

　五目蒸糯米饭

　五目焖糯米饭

散寿司 …………………………… 122

蛤蜊潮汁 ………………………… 124

泽煮汤 …………………………… 126

▶用低温煎牛排的理由 …………… 37

▶为煎烤料理增加季节感　蔬菜前菜…… 46

▶落盖的使用方法 ………………… 59

▶食用煮沙丁鱼的方法 …………… 61

▶黄瓜的待客切法 ………………… 85

▶鱼贝的处理方法 ………………… 90

　三枚卸的切法

　鱿鱼内脏的拔除方法

▶牛蒡削斜片的方法 ……………… 121

▶为什么乌冬面和荞麦面的汤汁会浓淡不

同? ……………………………… 127

需要先了解的基础知识

　　日本料理是日本人的基础饮食，也就是每天都要吃的东西，我希望读者能了解更多日本料理的基础知识，并将这些知识应用于每日的生活中。我将这些最重要的内容都集结在这个基础课堂中了，内容都很简单，掌握这些知识后，就可以在家尽情享用自己制作的健康美味了。

刚焖好的莹润洁白的米饭（➡p.8）
没有使用高汤且味噌风味浓郁的白萝卜油豆腐味噌汤（➡p.13）

1 日本料理的基础是米饭和汤。

　　虽然正式的餐桌都讲究三菜一汤，但光洁的米饭和香浓的汤也足以成为填满肚子和心灵的丰盛美味。我认为，日本料理的基础就是米饭和汤，熟练掌握米饭和汤的制作方法，是学习日本料理最重要的事情。

　　刚刚出锅的白米饭没有经过任何调味，会使充分调味的菜肴更加美味，而已经完成调味的寿司饭或什锦饭就不太容易和菜肴搭配。

　　搭配餐桌时，**白米饭适合搭配鲜香浓郁的味噌汤，经过调味的寿司和什锦饭适合搭配味道鲜美清淡的汤类**。使米饭和汤汁的味道搭配均衡，才能吃出美味。

美味的什锦饭（➡p.14）
充分激发出高汤美味的鱼肉山药饼汤（➡p.13）。

2 你知道焖出一锅好饭的步骤吗？

粒粒饱满的白米饭散发着诱人的光泽。对于日本人来说，美味的米饭比什么佳肴都好吃。下面就来介绍焖出一锅好饭的秘诀。

首先，请牢牢记住**大米是"干货"**，因此在加热前需要吸水泡发。先在足量的水中浸泡15分钟，然后在滤网上放置15分钟。这样焖出的米饭味道会完全不同。用电饭煲焖米饭时，一定要选择快速程序，因为普通程序包含了浸泡时间，这样焖出的米饭就会水分过多。

用砂锅焖饭时，**请记住加热时间的法则是"7·7·7·5·5"**。砂锅热传导较慢，要用中火加热至少7分钟，然后在沸腾的状态下加热7分钟，再转小火加热7分钟，接着用更小的火加热5分钟，最后关火焖5分钟。无论用哪种方法焖饭，不用98℃以上的温度加热够20分钟，都是做不好的，因为如果大米中的淀粉没有变软，米饭就不会香甜。

此外，需要注意的是，焖好饭后要将湿布盖在锅上，再半盖砂锅盖。**不要使用电饭煲的保温程序**，因为持续加热会使米饭的味道变差。给剩饭盖上湿布，可使其快速冷却，吃的时候最好用微波炉加热。

材料（方便制作的分量）

米……… 2合（360mL）
水……………… 360mL

1 洗米。

将米放入盆中，加水搅拌，然后换水，再次搅拌。重复4~5次。

不要用指腹用力摩擦米粒，这样会使大米的表面磨损。轻柔地搅拌就可以了。

2 浸泡。

在水中浸泡15分钟，再在滤网上放置15分钟。

如果在水中的浸泡时间过长，米就容易被焖烂。放在滤网上时，大米也在吸收水分，因此浸泡15分钟就够了。将泡好的大米盖上保鲜膜放入冰箱冷藏，这种湿润的状态可以保持半天以上。

3 放入砂锅，开火加热。

在砂锅中放入 **2** 和足量的水，盖上盖子，用较强的中火加热。大约加热7分钟会沸腾。

用其他的锅焖米饭会热得更快，所以可以用较弱的中火慢慢加热至沸腾。若使用浸泡好的米，焖饭时加入的水与生米等量即可。

4 夹入铝箔纸，继续加热7分钟。

沸腾后，在锅盖下夹一张铝箔纸，这样可防止溢锅，也可以将盖子错开一个小口。在沸腾的状态下加热7分钟。

5 确认米粒是否膨胀。

不时打开盖子，查看状态。

直至看到米粒膨胀为止。盖子一直开着也没关系，锅内的液体可以保证米粒一直均匀受热。

6 用小火和更小的火加热。

待看到米粒吸收充足的水分膨胀后，将盖子盖紧，用小火加热7分钟，再用更小的火加热5分钟，保持温度不下降。

7 关火焖5分钟，打散米饭。

关火焖5分钟。用饭铲将锅边和锅底的米饭刮起并打散，使多余的水分蒸发。

关火后，凝结在盖子上的蒸汽落在米饭上就像给米饭做了淋浴，米饭会更柔软美味。

主厨之声

如果米饭有剩余或不打算立即吃，请在砂锅上盖上湿布，再半盖砂锅盖，这样米饭即使凉了也能保持晶莹洁白的状态。若将盖子盖紧，米饭就会变黏。此外还要注意，用电饭煲的保温程序持续加热会使米饭变得不好吃。

3 让我们来了解一下高汤吧。

用柴鱼片和昆布做出的高汤鲜香四溢，非常美味。**我在制作高汤时，不是用火直接加热，而是将食材放入热水中浸泡。**柴鱼片和昆布的鲜味在80℃左右会以最完美的状态释放出来。在这个温度下制作的高汤不会苦涩，而且风味清香柔和。**如果用小火煮，就没有这样的风味了。**这种浸泡在热水中的方法非常简单，可以一次性多做一些备用。用这种方法制作的高汤很好地保留了原材料的香气和味道，加热后，鲜香的风味会完全突显出来，而且即使煮到沸腾，也不会出现苦味。

一般都认为小鱼干会有异味，但是用清水浸泡的方法制作的小鱼干高汤不仅没有异味，还会像海鲜酱油一样美味。

但是需要提醒大家的是，如果高汤的鲜味过重，就会削弱食材的味道，一旦鲜味多到掩盖了食材的味道，就不仅感觉不到鲜味，还会使料理变得苦涩，也容易让人吃腻，这和妆化得太厚是一样的道理。

举一个简单易懂的例子。在制作炖煮料理时，有时会在中间再次添加柴鱼片，然后继续煮，这一步骤叫做"追加柴鱼片"，在高汤炖芋头（➡p.76）中对它作了介绍。但它仅仅适用于短时间炖煮，在制作需要长时间炖煮的料理时，不会追加柴鱼片，因为柴鱼片煮得太久，会使料理的鲜味过度浓郁。

下面介绍"高汤的三次活用法"，包括一次高汤和二次高汤的做法，以及最后不浪费食材的吃法。

基础高汤

材料（方便制作的分量）

昆布… 边长5cm的方形
柴鱼片………………10g

制作高汤时，请选择能充分析出鲜味的高品质昆布。这种昆布虽然看似价格很高，但是每次使用的量很少，吃起来也很美味，这样其实并不算贵。请大家仔细挑选。

一次高汤

☞ 用于制作清汤和多数料理

在盆中加入1L沸水（保温瓶中的热水也可以），加入昆布和柴鱼片。浸泡1分钟后捞出，倒出高汤备用。

虽然沸水是100℃，但是倒入凉盆中就会变成最适合制作高汤的80℃。

二次高汤

☞ 用于制作味噌汤或煮菜

将制作一次高汤的昆布和柴鱼片再次放回盆中，倒入500mL热水，浸泡5分钟以上再捞出，倒出二次高汤备用。

这时将沸水直接倒入温热的盆中也没有关系。

第三次

☞ 食用

取出二次高汤后，将剩下的昆布和柴鱼片切成适当的大小，浸泡在橙醋酱油中。入味后，与焯好的青菜拌在一起，就做成了一道简单的副菜。

小鱼干高汤

材料（方便制作的分量）

小鱼干（去除头与内脏）
………………20g

推荐使用头向下弯曲的小鱼干。如果使用头向后仰的小鱼干，在制作过程中腹部就容易破裂。也可以直接使用去掉头和内脏的小鱼干，制作的高汤会更美味，因为这样鱼肉与水接触的表面积更大，会更容易析出鲜味。

一次高汤

☞ 用于制作清汤或鱼露

在盆中放入1L清水和小鱼干，浸泡3小时以上再捞出，倒出高汤备用。

不用炖煮，鱼肉的鲜味会自然释放到水中。

二次高汤

☞ 用于制作味噌汤

将制作一次高汤的小鱼干放入锅中，加入1L水、10g昆布，开火加热，煮沸后捞出。

煮沸即可，不要一直煮，否则高汤会变得苦涩。

第三次

☞ 食用

将1根大葱斜切成段，2个香菇切成薄片。在锅中倒入适量芝麻油，开火加热，加入制作二次高汤剩下的小鱼干翻炒，再加入大葱和香菇翻炒均匀，加入5mL淡口酱油、5mL清酒，炒熟即可。

4 味噌汤中一定要放高汤吗?

　　你觉得制作味噌汤时一定要放高汤吗? 其实根据使用的味噌和配菜分量的不同, 有时使用高汤, 但有时使用清水就很美味, 因为**味噌本身就是"高汤"**。大豆在发酵熟成的过程中, 鲜味在不断增加, 所以酱油本身也是高汤。

　　那么, 分别在什么时候使用高汤和清水呢? 味道香甜的白味噌含盐量少, 可以多放一些, 因此只用味噌, **鲜味就足够了, 没有必要使用高汤**。但是八丁味噌含盐量多, 只能用很少的量, 如果只使用味噌, 鲜味就会不足, 所以要使用高汤。制作一般的田舍味噌汤时, 如果配菜少就使用高汤, 配菜多就使用清水。注意, 如果鲜味过重, 就会使汤汁变得苦涩, 所以如果使用了高汤, 就不要再追加柴鱼片了。

　　在日本饮食中, 与味噌汤并驾齐驱的另一种代表性汤类就是清汤。清汤以鲜香的一次高汤为汤底, 为了突出食材的颜色与香气, 使用淡口酱油即可。高汤与淡口酱油、清酒的比例为25∶1∶0.5, 这样做出的清汤会十分鲜美。

3 种味噌

白味噌
盐分浓度低, 熟成时间短。由于曲菌的比例较高, 味噌味道香甜。

田舍味噌
普通的味噌。盐分浓度适中, 有甜味。

八丁味噌
盐分浓度高, 熟成时间长。味道咸而利口。

使用高汤的味噌汤

豆腐味噌汤
➡ 加入的配菜很少, 需要用高汤补充鲜味

材料〔2人份〕	
二次高汤(➡p.11)	300mL
田舍味噌	20g
豆腐(切成方块)	50g
鸭儿芹(切成大块)	3根

制作方法

在锅中放入二次高汤, 加入豆腐, 开火加热至较高温度后, 加入田舍味噌搅拌均匀, 再加入鸭儿芹, 继续加热。如果觉得鲜味不够, 还可以加入边长3cm的昆布。

芋头味噌汤
➡ 八丁味噌较咸, 只能使用少量, 所以要用高汤补充鲜味

材料〔2人份〕	
二次高汤(➡p.11)	300mL
八丁味噌	20g
芋头	1大个(60g)
冬葱(斜切成丝)	10g

制作方法

芋头削皮(➡p.79), 切成滚刀块。在锅中放入二次高汤, 开火加热。用较弱的小火将芋头煮至柔软后, 加入八丁味噌搅拌均匀, 再加入冬葱, 烫熟即可关火。

不使用高汤的味噌汤

白萝卜油豆腐味噌汤

➡ 白萝卜和油豆腐、裙带菜的味道都很鲜，所以用清水即可

材料（2人份）

水··················	300mL
田舍味噌··············	20g
白萝卜（切成长条）···	60g
裙带菜（泡发后切成大块）	
··················	20g
油豆腐（浸入热水去油，切	
成长条）··········	15g
大葱（切成圆圈）········	5g

制作方法

在锅中放入水和白萝卜，开火加热。沸腾后，转成较弱的中火，煮至白萝卜变软后，加入田舍味噌搅拌均匀，再加入裙带菜和油豆腐，烫熟后关火。将味噌汤盛入碗中，撒入大葱。

豆腐白味噌汤

➡ 使用大量带有甜味的白味噌，汤汁非常鲜美

材料（2人份）

水··················	300mL
西京白味噌··············	60g
豆腐··················	70g
青菜（炒熟）··········	2根
化开的黄芥末··········	适量

制作方法

豆腐切成两半。将西京白味噌在水中溶解，再倒入锅中，放入豆腐，用较弱的中火慢慢加热，煮沸后关火。将味噌盛入碗中，放上青菜，淋上化开的黄芥末。

清汤，使用一次高汤

鱼肉山药饼清汤

➡ 使用一次高汤作为清汤的汤底

材料（2人份）

一次高汤（➡p.11）···	300mL
淡口酱油··············	12mL
清酒··················	6mL
鱼肉山药饼（边长4cm的方	
块）··············	2块
鸭儿芹··············	适量
青柚子皮··············	2块

制作方法

在锅中加入一次高汤、淡口酱油、清酒，开火加热，煮沸后加入鱼肉山药饼，沸腾后关火。将清汤盛入碗中，放上轻轻焯过并打结的鸭儿芹、青柚子皮。

5 过度加热，就会使配料变得难吃。

在制作什锦饭时，我充分运用了积累多年的烹饪经验。

首先，**鲜味过浓会很容易让人吃腻**。大家会不会用高汤制作什锦饭呢？想要做出好吃的米饭并不需要使用高汤，使用清水就够了。如果使用了高汤，高汤与米饭会削弱彼此的香味。

其次，不要过度加热什锦饭中的配料。如果在一开始就将所有配料加入焖制，那么一定不会好吃。**制作什锦饭时，要在不同的时段分别放入配料，大致可分为3个时段**。最先放入需要加热较长时间才能熟的配料，中间放入需要适度加热的配料，快速蒸一下即可的配料在饭焖好时加入，这样所有配料都会很好吃。"不要过度加热"是我想传达的当代的烹饪原则之一，遵守这个原则，照烧鸡肉就变得鲜嫩多汁，鱼肉也会十分嫩滑。

下面介绍"猪肉红薯什锦饭"的做法。这道什锦饭按照上述分时段加入配料的方法制作而成，做好后红薯甘甜丰盈，猪肉柔软多汁，不仅米饭好吃，配料也十分美味。

材料（方便制作的分量）

米……………2合（360mL）

⊙调味料和配料 `10:1:1`

| 水……………300mL ➡10
| 淡口酱油………30mL ➡1
| 清酒……………30mL ➡1

猪五花肉薄片……………100g

红薯（切成一口大小后浸水）
……………80g

冬葱（切成小圆圈后洗净，擦干水分）……………1根

黑胡椒粒……………适量

1 大米清洗后浸泡。

温柔地清洗大米，换水。重复这个操作4~5次，在足量的水中（另备）浸泡15分钟，在滤网上放置15分钟。

2 将猪五花肉焯水。

将锅中的水煮沸。将猪五花肉薄片切成3cm宽，用滤网放入热水中，再用筷子将五花肉分散开，肉片发白后捞出。沥干水分。

> 蛋白质受热后会发白。

3 将食材放入砂锅中。

将大米、水、酱油、清酒、红薯放入砂锅中，快速混合一下。

> 红薯较硬，也不易蒸熟，所以要最先放入。

4 加热7分钟。

盖上盖子，用较强的中火加热。煮沸后转小火，在沸腾的状态下再焖7分钟左右。为了防止溢锅，在盖子下夹入铝箔纸。

> 如果米已经浸泡好了，用电饭煲焖饭时，使用快速程序即可。如果用普通程序，焖出的饭就会水分过多。

5 大米吸水胀大后加入猪肉。

看到大米胀大后，将 **2** 中的猪肉铺在红薯上。

> 在大米胀大前，可以多次打开盖子查看大米的状态。请认真操作这一步。

6 用小火和更小的火加热。

盖紧盖子，用小火加热7分钟，再用更小的火加热5分钟。

7 放上冬葱，焖5分钟。

关火，快速放上冬葱后盖上盖子，焖5分钟。

> 冬葱也可以生吃，所以稍稍焖一下即可，此时加入能最好地保留冬葱的香味。

8 全部混合均匀。

打开盖子，用饭铲上下翻动，将米饭与配菜搅拌均匀。

9 盛入碗中。

将什锦饭盛入碗中，根据喜好撒入黑胡椒。

6 不会失败的野崎派调味法。

用盐调味的"味之道"

我认为，"味之道"是做出美味料理的关键，**它是连接食材与调味料之间的桥梁**。凉拌菜或醋拌菜的"味之道"是提前用盐等材料使食材入味，这样再使用其他调味料（如凉拌醋等）时，食材的味道才会与调味料融合在一起。制作煮鱼料理前，先用盐将鱼腌渍20分钟，不但可以使鱼肉入味，盐的结晶在渗透进鱼肉时，还会形成极小的孔，这些小孔**可以使鱼肉被快速煮熟，还可以使鱼肉的鲜味渗到汤汁中**。这样制作的煮鱼料理不容易煮过火，用来煮鱼的清水也会变成美味的高汤。

给肉类"霜降"

在制作炖煮类料理时，希望大家先给食材焯水。将鱼肉或其他肉类放在热水中烫至发白（焯过水的肉类呈白色，就像打了一层霜，因此在日语中，这一步骤也被称为"霜降"），再去除杂质和浮沫。**就像人要沐浴一样，食材也要沐浴清洗，做出的料理才会有清爽的味道**。煮鱼前，将事先用盐腌过的鱼放入热水中焯至发白，同时去除多余的盐分。给葱、根菜、蘑菇等食材焯水，可以去除异味，突显食材本身的味道。如果需要焯水的食材同有蔬菜和肉类，可以只使用一口锅。按照先蔬菜，再肉类的顺序，中间不用换水，热水一点儿也不会浪费。

掌握调味料的用量比例会使调味更简单，味道更正宗！

在这本书中，我分享了自己常用的调味酱汁配方。**了解各种调味料的用量比例，味道才不会相撞，也能根据情况自己简单地增减用量。总之，掌握调味的法则**，日常使用就会很方便。例如，制作清汤时，将高汤、淡口酱油、清酒按照25：1：0.5的比例混合就可以确定清汤的味道。也就是说，如果使用了250mL高汤，那么就需要淡口酱油10mL，清酒5mL；如果高汤是500mL，那么淡口酱油和清酒就分别是20mL和10mL。如果想使煮出的鱼类料理味道清淡，不用额外增加甜味，将水、淡口酱油、清酒按照16：1：1的比例混合制作汤汁即可。如果想煮出浓郁甘甜的鱼类料理，就将水的用量减少，并将清酒换成味啉，即水+清酒、酱油、味啉的比例为5：1：1。在右侧总结了本书使用的主要调味酱汁的配方，供大家参考。

本书使用的主要调味酱汁的配方

这里介绍的是基本的调味方法，向右味道渐渐变淡，向左味道渐渐变浓。

另外，上方的调味方法使用了砂糖或味啉，有甜味，下方的没有使用，所以没有甜味。

这里将一次高汤、二次高汤和小鱼干高汤统称为"高汤"。

玳瑁酱汁

6 : 1 : 0.5
高汤　酱油　味啉

照烧	醋煮	萝卜泥煮	荞麦面
5 : 3 : 1	6 : 1 : 1 : 1	10 : 1 : 1	15 : 1 : 0.5
味啉　清酒　酱油	水+清酒　酱油　味啉　醋	高汤　淡口酱油　味啉	高汤　淡口酱油　味啉

浸味烤	红烧	高汤炖南瓜	酱油浸煮	什锦锅
1 : 1 : 1	5 : 1 : 1	6 : 1 : 0.6	10 : 1 : 0.5	15 : 1 : 0.5
酱油　清酒　味啉	水+清酒　酱油　味啉	高汤　味啉　淡口酱油	高汤　淡口酱油　味啉	水　淡口酱油　味啉

 浓 ← ──────────────────────── → 淡

酱油浸	什锦焖饭	清煮	乌冬面	清汤
5 : 1 : 0.5	10 : 1 : 1	16 : 1 : 1	20 : 1 : 0.5	25 : 1 : 0.5
高汤　酱油　清酒	水　清酒　淡口酱油	水　清酒　淡口酱油	高汤　清酒　淡口酱油	高汤　清酒　淡口酱油

本书的使用方法

为了使读者能在本书的帮助下做出好吃的料理，下面介绍一下本书的使用方法。

◉料理的盛盘示例。料理的颜色和质感等都以照片中的状态为标准。盛热的料理前，将容器温热一下味道会更好。具体操作时，食材的分量可能会与照片中的不同。

【用量和食材的说明】

■1小勺=5mL，1大勺=15mL，1合=180mL，1杯=200mL。

■如果没有特别说明，砂糖是指上白糖，盐是指颗粒状的天然盐，醋是指谷物发酵醋，酱油是指浓口酱油，味噌是指经过长期熟成的田舍味噌，味啉是指酿造味啉，一般使用中号的鸡蛋。

■"一次高汤""二次高汤"是用干昆布和柴鱼片制作的基础高汤（➡p.11）。

◉制作料理的食材表和事先的准备工作都写在书中。主厨建议的食材也会有特别说明。

◉菜名的由来、料理应有的味道、制作的技巧、食用方法建议等，野崎主厨都会教给大家。特别重要的地方会画出黄色标记，阅读时请特别注意。

◉制作方法写在图片下方，分为部分。首先是画出黄色标记的标题，它是对制作方法的总括。其次，在标题下方，有更详细的制作方法的说明。最下方的对话框中记录了主厨的建议与说明，这一部分是很多普通菜谱中不会写却十分重要的内容，一定要认真阅读。

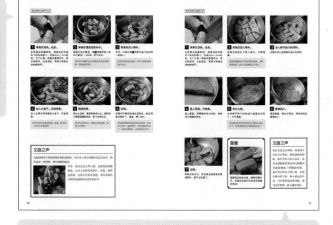

◉此外，还会对更复杂的制作技巧、制作创意等内容作单独说明。

第一章

煎烤料理和油炸料理

在日式家庭料理的主菜中，最简朴的就是煎烤料理。

不需要用复杂的方法处理食材，

提前处理与煎烤方法是决定煎烤料理美味的关键。

野崎主厨将告诉大家煎烤鱼类与其他肉类的最大区别，

此外，还会介绍不易失败的油炸料理。

盐烤鲹鱼

盐烤鰤鱼

20

盐烤有3种方法。
用简单的方法，做出美味的鱼。

烤鱼的基本方法——盐烤

使用不同的盐烤方法，鱼的味道和口感也会不同

如果要吃整条的鱼，还是盐烤的味道最棒！"盐烤"的意思是用盐调味。但盐烤时，**用细盐和用颗粒较大的粗盐，即使用量相同，味道也会有很大的不同**。下面就来介绍3种盐烤的方法。

在家中制作盐烤鱼时，多数都会使用鱼块。先在鱼肉上均匀地涂满细盐，再腌渍30分钟，入味后开始烧烤。你可能会问，为什么不在烧烤的时候撒盐？这是因为腌渍一会儿可以去掉鱼的腥味，同时渗入咸味，这样与烧烤时撒盐的味道完全不同。食用时可以根据喜好搭配白萝卜泥，再淋上一点酱油。

盐烤整条鱼的味道松软鲜美，而且形状美观，适合装点餐桌。盐烤一整条鱼使用的是粗盐。鱼肉表面覆盖着鱼皮，细盐溶化的液体会在鱼皮上滑动，烤制后一点也不美观。而粗盐即使溶化一点，颗粒也会挂在表皮上。烤好后，盐的酥脆口感和香味会让鱼肉的味道更加浓郁。

鱼干也可以盐烤

第三种是盐烤已经充分吸收盐分的鱼干，如盐三文鱼、盐青花鱼等。烤制这些鱼时，也叫做盐烤。如果想使盐味渗入鱼肉内部，最好用细盐，也可以将鱼干浸泡在盐水中。盐味充分渗入鱼肉内部，浓缩了鱼的鲜味，本身就已经很美味了。

适合用于盐烤的3种盐

从下方右侧按顺时针顺序依次为：细盐、粗盐、藻盐。一般情况下均使用细盐，它可以被均匀地涂抹在鱼肉上。粗盐适用于盐烤鲹鱼、鲶鱼等完整的鱼类时。藻盐有些特殊，鲜味很强，适合在想要增加鲜味时使用。

① 用细盐入味后烧烤

盐烤鲕鱼

材料（2人份）	
鲕鱼块（60g）	2块
盐	适量
酸橘（切半）	2块

1 在两面撒盐。

在平盘上撒一层盐，放上鲕鱼块，再给朝上的一面撒上盐。

因为还要清洗，所以不用在意盐的用量。

2 腌渍 30 分钟。

在常温下放置30分钟。随着盐分的吸收，鱼肉表面会渗出多余的水分。

在这一步中使鱼肉入味。

3 用水清洗。

在水中稍稍浸泡一下，将多余的盐和从鱼肉中析出的腥味洗净。用自来水就可以。

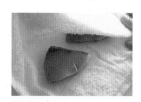

4 擦干水分后烧烤。

用布或厨房用纸轻轻按压鱼肉，将水分擦干净。预热烤鱼架和烤网，将鱼肉放在烤网上，用中火烧烤两面。盛盘，放上酸橘。

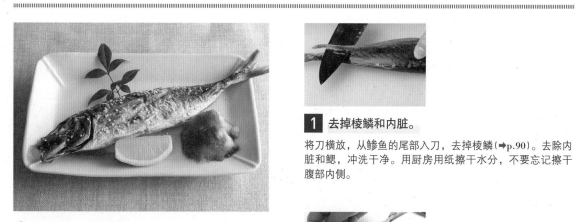

② 撒上粗盐，整条烧烤

盐烤鲹鱼

材料（1人份）	
鲹鱼	1条
粗盐	适量
柠檬（切成梳子形）	1块
白萝卜泥（轻轻挤出水分）	适量
酱油	适量

1 去掉棱鳞和内脏。

将刀横放，从鲹鱼的尾部入刀，去掉棱鳞（➡p.90）。去除内脏和鳃，冲洗干净。用厨房用纸擦干水分，不要忘记擦干腹部内侧。

2 在鱼身的两面都撒上粗盐，然后烧烤。

在鱼身两面的背鳍附近用刀划上十字形切口，撒上粗盐。预热烤鱼架和烤网，将鱼放在烤网上烧烤。盛盘，放上柠檬和白萝卜泥，淋上少许酱油。

划上切口不仅使鱼更容易受热，烤好后的外形也更美观。

③ 充分吸收盐分后再烧烤

烤鲹鱼干

材料（1人份）	
鲹鱼··································	1条
盐··································	适量

1 提前处理鲹鱼。

去除鲹鱼的内脏和鳃（➡p.90），清洗干净后，用厨房用纸擦干水分。

也要将腹部内侧的水分擦干。

2 打开鱼身，撒盐。

从腹部将鱼打开（开腹），将盐撒在平盘上，放上鱼，再在腹部内侧撒上盐。腌渍1小时。

3 脱水后烧烤。

擦干水分，用脱水薄膜包住鱼身，在冰箱冷藏室中放置半天。预热烤鱼架和烤网，将鱼放在烤网上烧烤。

在冬季气温较低且干燥时，也可以放在网上风干做成干货。

照烧鸡肉

照烧鰤鱼

照烧酱汁中味啉、清酒、酱油的比例是5∶3∶1。
浓郁却不油腻，保持食材的风味。

照烧2品

裹满美味酱汁的秘诀

　　照烧的魅力在于食材表面裹满的浓郁酱汁，甜咸适口，会让食材吃起来非常美味。下面将介绍用煎锅做出美味的照烧鲕鱼和照烧鸡肉的方法。这两道照烧料理使用的酱汁是一样的，都是**将味啉、清酒、酱油按照5∶3∶1的比例**混合。用更容易蒸发的清酒代替水，再加上味啉，会让酱汁快速变浓稠，掌握这个技巧十分重要。

　　照烧类料理需要使酱汁裹满食材的表面，但鲕鱼、鸡肉等肉类表面的油脂很容易使酱汁滑落。为了让酱汁更好地附着在食材上，要给食材表面裹上面粉再煎烤。需要注意的是，如果面粉裹得过厚，吃起来就会很腻，一定要蘸取极薄的一层。使用刷子可以方便地涂抹面粉，而且不会把手弄脏。如果想让鸡皮和鱼皮也很好吃，**请将表皮烤至酥脆上色**。

擦掉多余的油脂，突显食材的本味

　　另一个做出美味照烧的要点是**在放入制作酱汁的材料前，将煎锅中和食材上的油擦拭干净**。虽说酱汁是一种浓厚的沙司，但油腻腻的也不好吃，而且油脂会使食材难以裹满酱汁。擦掉多余的或是从鱼肉、鸡肉中渗出的腥味油脂，料理的口感也会变得非常清爽，而且更能感受到食材的本味。

　　说起照烧，以前的制作方法是将食材放在酱汁中一直煮，直至酱汁变浓，这样会使肉汁大量流失，食材变得又老又硬，非常难吃。现在的做法并**不需要将食材的中心也彻底加热**，制作酱汁时先将鱼或鸡肉取出，出锅前再放入锅中裹满酱汁即可。这样做出的照烧柔软多汁，表面和内部的味道对比鲜明，非常好吃。

照烧鰤鱼

材料（2人份）

鰤鱼块（80g）	2块
盐	适量
低筋面粉	适量
色拉油	1大勺

◘ 照烧酱汁 `5：3：1`

┌ 味啉	150mL	➡5
│ 清酒	90mL	➡3
│ 酱油	30mL	➡1
└ 盐	适量	
溜酱油	1/2小勺	
姜（切薄片）	20g	

> 溜酱油是用大豆发酵而成的酱油，与普通酱油相比，颜色更深，更浓稠，味道更醇厚。

准备

◉ 将制作照烧酱汁的材料放入碗中混合均匀。

1 在鰤鱼上撒盐，腌渍5分钟。

在平盘上撒盐，放上鰤鱼块，再给朝上的一面撒上盐。在常温下放置15分钟，清洗后擦干水分。

> 制作鱼类照烧时，先用盐使鱼肉入味，在出锅前再裹上酱汁在表面，这样做出来更美味。

2 在鰤鱼表面涂一层面粉。

用刷子蘸取面粉，在鰤鱼的表面薄薄地涂抹一层。

3 煎至上色。

在煎锅中倒入色拉油，用大火加热，放入鰤鱼。待一面充分上色后翻面，两面都要充分上色。

> 即使色拉油放得有点多也没有关系，煎好后还会擦掉的。

4 将皮煎至酥脆。

用筷子将鲕鱼竖起，鱼皮向下，煎至酥脆。

鱼皮如果不煎，口感就会又软又烂，但充分煎烤后就会很美味。

5 擦掉多余的油脂。

用厨房用纸将煎锅里和鲕鱼块上多余的油脂擦干净。

这里使用的是专门用来煎烤的色拉油。油里会渗入鱼的腥味，擦掉后，照烧的味道就会变得清新爽口。

6 加入制作酱汁的材料。

将提前混合均匀的酱汁材料一次性加入煎锅中，不要倒在鱼上。

7 调成大火，给鱼块翻面。

酱汁煮沸后会冒起大泡。给鲕鱼块翻面。

8 鱼肉煎至八成熟后取出。

待酱汁开始出现细小的气泡后，将鲕鱼块暂时取出，此时大约为八成熟。

取出后，余热还在慢慢地加热鱼肉。这个过程也非常重要。

9 将酱汁煮至浓稠。

调成中火，使酒精挥发，同时将酱汁煮至浓稠。中间加入姜片。

煮得过火会使姜片变苦，在快煮好时加入，才会有清爽的香气。

10 放回鲕鱼块。

待酱汁变少，出现非常细小的气泡后，放回**8**的鲕鱼块。晃动煎锅，让酱汁裹在鱼块上。

11 加入溜酱油。

均匀地淋入溜酱油。

加入溜酱油，会使照烧的颜色更诱人。

12 待酱汁出现光泽就煮好了。

一边晃动煎锅，一边把酱汁裹在鲕鱼块上，待酱汁呈现出漂亮的光泽感就煮好了，然后盛盘，放上姜片。

照烧鸡肉

材料（2人份）	
鸡腿肉……………	1块（200g）
生香菇……………	2朵
青椒……………	4个
低筋面粉…………	适量
色拉油…………	1大勺

◎ 照烧酱汁 `5:3:1`

味啉…………	150mL	➡5
清酒…………	90mL	➡3
酱油…………	30mL	➡1
溜酱油…………		1/2小勺
姜（切薄片）…………		20g

准备

◉ 生香菇去柄，青椒去蒂，用竹扦等工具在辣椒上扎几个洞。

◉ 将制作照烧酱汁的材料放入碗中混合均匀。

1 将鸡肉切开。

将鸡肉的皮向下放在砧板上，对半切开。再倾斜菜刀，沿着纤维将鸡肉切成薄片。

皮也很好吃，最好让每一片鸡肉都带皮。将皮展开，整理好鸡肉的形状。

2 用刷子涂上一层薄薄的面粉。

将鸡肉放在手中，用刷子蘸取面粉，在鸡肉上刷上薄薄的一层。两面都要涂抹面粉。

3 开始在煎锅中煎鸡皮。

在凉的煎锅中倒入色拉油，将 **2** 带皮的一面向下整齐地放入锅中，用中火加热。

不要提前预热煎锅。用凉锅慢慢加热，不仅鸡肉不会受损，也能防止过度加热，这样煎出的鸡肉才会鲜嫩多汁。

4 将皮煎至金黄。

将皮煎至金黄，使其口感酥脆。

> 如果鸡皮没煎熟，就不会好吃。将皮煎
> 至金黄，看起来会更美味诱人。

5 擦掉多余的油脂。

用厨房用纸将煎锅中和鸡肉上多余的
油擦干净。

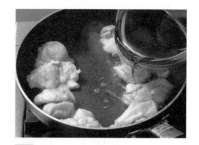

6 加入制作酱汁的材料。

将鸡肉移至锅的四周，空出中间。将
混合好的酱汁材料一次性倒在中间。

> 在这一步中，鸡皮要一直朝下，使鸡肉
> 间接温和地受热。

7 使带皮的一面向上，煮一会儿。

将鸡肉带皮的一面向上放置。酱汁煮
沸后调成大火。

> 盛盘时要将带皮的一面朝上，为了防止
> 煮焦，炖煮时要将这一面朝上。

8 加入香菇。

待酱汁沸腾且冒出细小的气泡后，加
入生香菇煮熟。

9 将鸡肉暂时取出。

将鸡肉暂时取出，放入平盘中，用大
火将酱汁煮至浓稠。中间加入姜片。

> 余热还在慢慢地加热鸡肉。利用余热加
> 热是使鸡肉柔软多汁的技巧之一。

10 放回鸡肉。

酱汁变浓后，会出现有光泽的大泡，
放回**9**的鸡肉，使鸡肉裹满酱汁。

11 倒入溜酱油和青椒。

均匀地淋入溜酱油。加入青椒。

> 加入溜酱油，会使照烧的颜色更诱人。

12 待酱汁出现光泽就煮好了。

一边晃动煎锅，一边将酱汁裹在鸡肉
上，待酱汁呈现出漂亮的光泽感就煮
好了，然后盛盘。

花椒芽烤鲷鱼

柚香烤马鲛鱼

南蛮烤鰤鱼

利久烤金目鲷

基础浸味酱汁中酱油、清酒、味啉的比例为1：1：1。
只需要加入不同的香料，就能做出不同风味的料理。

浸味烤鱼4品

用基础的浸味酱汁可以简单地变化出不同的风味

如同浸味烧烤的名字一样，要先将食材浸泡在酱汁中，烧烤时也要充分涂抹酱汁，所以十分入味。在家中制作时，可以用刷子将酱汁涂在鱼肉上。

下面介绍4道浸味烤鱼，它们的制作方法完全相同。**先将酱油、清酒、味啉以1：1：1的比例混合**，制作出基础浸味酱汁，再加入提升味道的香料，放入鱼肉浸泡入味，然后烧烤。制作方法很简单，但不要忘记提前预热烤鱼架。

可以只使用基础的酱汁使鱼肉入味，也可以像后面介绍的一样，加入柚子、花椒芽、葱等香料。只需要改变加入的香料，就能变换料理的风味，保持菜品的新鲜感，因此事先记住一些搭配会很方便。将应季的鱼类和时令的香料组合在一起，就能做出充满季节感的菜肴，它们很适合用来招待客人。

浸味烧烤，将食材浸泡在酱汁中的"味之道"

前面介绍的烤鱼是将盐撒在处理好的鱼上使其入味，但是浸味烧烤不是用盐，而是**用酱汁使食材入味**。在后面的食谱中，一块40g的小鱼块的浸泡时间为15分钟，如果使用80g左右的大鱼块，浸泡时间就要延长至30分钟左右。鱼肉上裹的酱汁很容易被烤焦，所以烧烤时请使用小火。

也可以用煎锅制作。在锅底铺上一层导热的烘焙用纸，将鱼块的鱼皮向下放入锅中，盖上锅盖，用小火加热，就像在蒸烤鱼肉一样。由于是通过烘焙用纸使鱼皮间接受热，所以做好后鱼肉鲜嫩多汁。中间涂2~3次酱汁即可。

主厨之声

除了下面要介绍的组合以外，很多食材都可以加入基础酱汁中。比如春季的蜂斗菜，夏季的野姜和绿紫苏，秋天的青柚子皮和穗紫苏，冬天的黄柚子和胡椒，这些都能瞬间提升料理的季节感。为了使食材更容易涂在鱼肉上，请将蜂斗菜、野姜、绿紫苏、穗紫苏等切碎，再加入酱汁中。

花椒芽烤鲷鱼

材料（2~4人份）

鲷鱼块（40g）···················· 4块

◙ 花椒芽酱汁 `1:1:1`

┌ 酱油·················· 40mL ➜1

│ 清酒·················· 40mL ➜1

│ 味淋·················· 40mL ➜1

└ 花椒芽·················· 20片

味淋·························· 适量

制作方法

1 在大碗中混合制作酱汁的调味料，将花椒芽大致切碎后也放进去。

2 放入鲷鱼，浸泡15分钟，然后用滤网沥干水分（若鱼块较大，则浸泡30分钟）。

3 将鱼块放在预热好的烤鱼架上，用小火烧烤。中间用刷子给鱼肉刷几次酱汁。烤好后涂上味淋，将味淋烤出光泽即可。

柚香烤马鲛鱼

材料（2~4人份）

马鲛鱼块（40g）···················· 4块

◙ 柚香酱汁 `1:1:1`

┌ 酱油·················· 40mL ➜1

│ 清酒·················· 40mL ➜1

│ 味淋·················· 40mL ➜1

└ 柚子（切圆片，只用皮也可以）····· 2片

味淋·························· 适量

制作方法

1 在大碗中混合制作酱汁的调味料，放入柚子。

2 放入马鲛鱼，浸泡15分钟，然后用滤网沥干水分（若鱼块较大，则浸泡30分钟）。

3 将鱼块放在预热好的烤鱼架上，用小火烧烤。中间用刷子给鱼肉刷几次酱汁。烤好后涂上味淋，将味淋烤出光泽即可。

南蛮烤鰤鱼

材料（2~4人份）

鰤鱼块（40g）·························· 4块

◎ 南蛮烧烤酱汁 `1:1:1`

┌ 酱油·························40mL ➡1
├ 清酒·························40mL ➡1
├ 味啉·························40mL ➡1
├ 大葱（切碎）·················20g
└ 豆瓣酱·······················1小勺
味啉································· 适量

制作方法

1 在大碗中混合制作酱汁的调味料和葱，多次少量地加入豆瓣酱，使其完全化开。

2 放入鰤鱼，浸泡15分钟，然后用滤网沥干水分（若鱼块较大，则浸泡30分钟）。

3 将鱼块放在预热好的烤鱼架上，用小火烧烤。中间用刷子在鱼肉上刷几次酱汁。烤好后涂上味啉，将味啉烤出光泽即可。

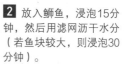

利久烤金目鲷

材料（2~4人份）

金目鲷鱼块（40g）····················· 4块

◎ 利久烧烤酱汁 `1:1:1`

┌ 酱油·························40mL ➡1
├ 清酒·························40mL ➡1
├ 味啉·························40mL ➡1
└ 芝麻酱·······················30g
味啉································· 适量

制作方法

1 在大碗中混合制作酱汁的调味料，多次少量地加入芝麻酱，使其完全化开。

2 放入金目鲷，浸泡15分钟，然后用滤网沥干水分（若鱼块较大，则浸泡30分钟）。

3 将鱼块放在预热好的烤鱼架上，用小火烧烤。中间用刷子在鱼肉上刷几次酱汁。烤好后涂上味啉，将味啉烤出光泽即可。

腌渍时间可以自由调整。

味噌渍烤马鲛鱼

　　用味噌渍烤会让鱼肉充满味噌的香味，最好选用油脂丰富的鱼。日本料理店常使用味道甜美温和的京都白味噌（西京味噌）调制味噌腌酱，做出的料理十分有品质。但是在家中制作时，不是总能买到京都白味噌，下面就来介绍如何用容易获得的信州味噌制作烤鱼。

　　经常有人问"味噌腌酱可以使用几次呢"。如果将鱼用纱布包起来腌渍，使味噌不直接接触鱼，可以使用3次。如果将鱼直接放在味噌腌酱中，腌酱的量就会减少，大约可以使用2次。

　　通过调整味噌腌酱的含水量，就能调整腌渍的时间。如果想要快速腌渍，就用清酒将味噌慢慢化开。**如果想要腌渍时间长一些，就减少水分，让味噌更硬**。因为味噌是随着水分渗透入鱼肉中的，所以调整含水量就可以改变腌渍的时间。

材料（2人份）

马鲛鱼块（40g）·············	4块
盐·················	适量

◙ 味噌腌酱

┌ 信州味噌················	200g
│ 清酒················	30mL
└ 味淋················	20mL
味淋················	适量

> 如果能买到京都白味噌（西京味噌），鱼的味道就会更温和。但西京味噌的味道较甜，需要减少味淋的量，同时将腌渍时间稍稍加长。

1 在马鲛鱼块上撒盐，清洗。

在平盘上撒一层盐，放上马鲛鱼块，再在朝上的一面鱼肉上撒盐。放置20分钟。用水洗去多余的盐分，再用厨房用纸擦干。

2 制作味噌腌酱，开始腌渍。

将信州味噌放入盆中，用清酒和味啉化开，做成味噌腌酱。在刚好能放入鱼块的平盘中平铺入略少于一半的腌酱。

3 将纱布叠起来，放在味噌腌酱上。

将纱布叠起来，铺在 **2** 的味噌腌酱上，用手将四边压实。

> 铺的纱布层数越少，腌渍时间就越短，层数越多，腌渍时间就越长。请根据时间自行调整层数。

4 整齐地放入马鲛鱼块。

将 **1** 的马鲛鱼块整齐地放在纱布上，互相间要留有空隙，盖上叠好的纱布。

5 使纱布贴紧鱼块。

用手指轻压纱布，将四周压实，使纱布紧贴鱼块。这样覆盖在上方的腌酱就能均匀地腌渍鱼块了。

6 在纱布上涂抹味噌腌酱。

将剩余的腌酱用硅胶刮刀均匀地涂抹在纱布上，纱布边缘也要涂抹，不要留空隙。

> 鱼是被夹在味噌腌酱中间的，虽然开始上方涂抹的味噌较多，但受重力的影响，味噌会从上方自然地渗入下方。

7 在冰箱的冷藏室中腌渍半天。

在平盘上覆盖一层保鲜膜，放入冰箱的冷藏室中腌渍半天。

> 如果没有覆盖纱布，将鱼直接放在味噌腌酱中，请稍稍缩短腌渍时间。

8 取出鱼块，开始烧烤。

掀开覆盖在马鲛鱼上的纱布，取出鱼块。鱼肉此时会呈现出透明感，并且浸润了味噌的颜色。事先将烤鱼架和烤网预热，放入马鲛鱼。用小火慢慢地烧烤，注意不要烤焦。

9 涂抹味啉。

烤好后取出，用刷子涂抹一层薄薄的味啉，将味啉烤出光泽即可。

35

味噌渍烤鱼的变化

❶ 味噌腌酱的3种变化

如果味噌腌酱的含水量多，腌渍时间就可以缩短；如果含水量减少，腌渍时间则需要延长。
可以根据自己的时间调整含水量，操作起来十分方便。

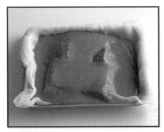  

快速腌渍

用100mL的清酒化开200g味噌，做成柔软的腌酱。

基础的腌渍时间

用50mL水（清酒30mL，味啉20mL）化开200g味噌。

长时间腌渍

300g味噌不用水分化开，直接使用。

❷ 在味噌腌酱中加入酒糟

如果在味噌腌酱中加入100g左右的酒糟，不仅不会减少味噌的风味，还会使烤鱼的味道更加甘甜醇厚，鱼肉更加鲜嫩，充满光泽，看起来就非常美味。

主厨之声

也可以用煎锅制作味噌渍烤鱼。但如果将鱼块直接放在煎锅上，鱼块的下面很容易被烤焦，但在锅内垫一张烘焙用纸就不易失败了。其实味噌渍烤鱼也是一个给鱼肉脱水的过程，鱼肉中的水分会越来越少，但只要将鱼皮向下，盖上盖子蒸烤，做好后的鱼肉就会十分软嫩。如果不盖盖子，就很容易把鱼肉烤干。

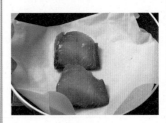

用低温煎牛排的理由

脂肪化开且鲜嫩多汁的牛排是最美味的。一口咬下去，脂肪的甜味和肉的鲜味瞬间弥漫在口中。想要做出这样的牛排，我认为最重要的就是用小火慢慢地加热牛肉。过去因运输不便，新鲜的牛肉不易获得，需要用大火将牛肉彻底加热杀菌，现在很容易就可以买到新鲜度高、肉味香浓的牛肉，这也使用小火加热成为可能。

那么，为什么要用小火烤牛排呢？这说起来有点复杂。牛肉中的肌球蛋白在40~60℃时会变成具有鲜味的氨基酸。如果让牛肉慢慢通过这个温度带，氨基酸，也就是鲜味物质的含量就会增加。所以要将牛排在凉的煎锅中用小火加热，慢慢升高温度，此时最好使用不用提前预热的氟化树脂材质的不沾煎锅。

牛肉的脂肪在50℃时开始熔化，同时蛋白质受热，在接近80℃时肉质开始变硬，肉汁析出。所以煎牛排时，温度最好保持在40~75℃（锅中心的温度约65℃）之间。牛肉的一面上色后，翻面，另一面也上色后，就煎好了，这时的火候刚刚好。然后将表面煎出焦香，就可以出锅了。

和风煎牛排

材料（2人份）

牛排（150g）	···········1块
盐、胡椒	·········· 各适量
牛油（选用）	·········· 适量

◙ 调味料

┌ 白萝卜泥（轻轻挤出水气）···	30g
姜泥 ·························	5g
酸橘 ·························	1/2个
绿紫苏 ······················	1片
└ 裙带菜 ····················	适量
酱油 ·························	适量

准备

◉牛排恢复至常温。

在牛肉上撒上盐、胡椒。

在平盘中撒入盐和胡椒，放入牛肉，再给朝上的一面撒上盐、胡椒。

> 这个操作要在煎烤之前进行。牛肉和鱼不同，如果撒盐后长时间放置，美味的肉汁就会流失。

开始用小火煎烤。

将牛排放在氟化树脂材质的煎锅中，将牛油也一起放入，用小火加热。不时地晃动煎锅、翻面，确认上色情况。

> 如果听到"吱吱"的声音，就说明火太大了。煎烤的时候应该很安静。

上色后翻面。

慢慢地煎烤，表面上色后翻面，将另一面也慢慢地煎至上色。

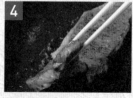

出锅。

如果牛肉的断面中间呈现半熟的状态，就说明火力已经达到中心，这样就煎好了。将肉取出，用大火加热煎锅，再将肉放回，把两面煎出香味后，马上取出。将牛肉放在砧板上，用刀斜切成块。盛盘，放入调味料和酱油。

做好就吃的美味玉子烧

凉了也好吃的玉子烧

玉子烧需要用低温加热，
在鸡蛋半熟的时候卷起来。

玉子烧2品

趁着鸡蛋半熟时卷起来，这就是秘诀

　　水嫩柔软，充满鸡蛋香味的玉子烧十分美味。做出这种美味的秘诀只有一个，就是"趁着鸡蛋半熟时操作"，因为蛋液在完全凝固前可以流动，能做成任何形状。**蛋液在80℃左右会完全凝固，如果水分继续蒸发，很快就变干了。** 如果变成了这样，味道肯定不会好。极端地说，鸡蛋是"不能加热的食材"。

　　因此要趁蛋液半熟的时候卷玉子烧。此时鸡蛋的温度还在70℃以下，能卷成想要的形状，如果形状有些软塌，最后还可以在锅中或是用竹帘调整。用余温加热，蛋液就不会完全凝固，吃的时候口感刚好，而且软嫩多汁。

根据食用时间变换调味方法

　　下面介绍"做好就吃的美味玉子烧"和"凉了也好吃的玉子烧"的做法。它们有什么区别呢？区别在于加入鸡蛋的水分和调味料不同。

　　吃便当里的**凉的玉子烧会很难尝到鲜味**，而在蛋液中加入高汤和砂糖，可以增加鲜味和甜味，这样既使凉了，玉子烧也会非常好吃。但如果是吃刚出锅的玉子烧，则既不需要加入高汤，也不需要砂糖，而是使用淡口酱油，这样就能品尝到鸡蛋浓郁的香味。这里使用了鸭儿芹和冬葱作为配菜，也推荐将鲜味较强的番茄切成小丁加入蛋液中。

　　肉类如果过度加热就会变得难吃，鸡蛋也是一样，一定不能加热过火。 牢牢记住这一点后，尝试制作玉子烧吧。

◆ 做好就吃的美味玉子烧

材料（方便制作的分量）

鸡蛋	3个
水	50mL
淡口酱油	1/2大勺
鸭儿芹（切成大块）	5根
胡椒	适量
色拉油	适量
染色白萝卜泥（淋入少许酱油）	适量

◆ 凉了也好吃的玉子烧

材料（方便制作的分量）

鸡蛋	3个
高汤（➡p.11）	50mL
砂糖	1大勺
淡口酱油	1/2大勺
冬葱（切成小圆段）	1根
色拉油	适量

用一次高汤或二次高汤都可以。也可以将等量的用水稀释过的牛奶或豆奶作为高汤使用。

共同的准备

◉ 在炉灶旁边准备一块湿布。

做好就吃的美味玉子烧

1 制作蛋液。

在碗中将鸡蛋打散，加入水、淡口酱油、胡椒和鸭儿芹，混合均匀。

2 在煎玉子烧的锅中擦油。

用较大的中火加热煎锅，用浸满油的厨房用纸给煎锅涂上薄薄的一层油。

> 为了煎得更均匀，要不时地晃动煎锅，使蛋液受热均匀。

3 让锅的温度回落。

将煎锅放在湿布上，使温度均匀下降。

4 开始煎。

将**3**再次加热，倒入1/3的**1**，使蛋液铺满锅底。

5 用筷子戳破大泡。

出现大泡后，立刻用筷子戳破，使蛋液均匀地铺在锅底。

> 在鸡蛋完全凝固前戳破大泡，可以使半熟的蛋液重新覆盖锅底。

6 卷第一次。

在蛋液的边缘变熟，中间仍为半熟的状态时，用筷子将外侧（远离身体的一侧）的鸡蛋从煎锅上剥离，从外侧向内侧卷至1/3处，然后再卷一次。

> 这时鸡蛋必须是半熟状态。

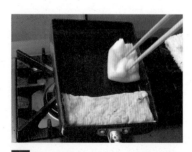

7 在锅中抹油，将玉子烧推向外侧。

用浸满油的厨房用纸在外侧空出的部分涂上薄薄的一层色拉油，将玉子烧轻轻推向外侧。

> 为了不过度加热，要快速操作。

8 倒入蛋液。

在空出来的内侧涂上薄薄的一层色拉油，倒入剩余蛋液的一半。将外侧卷好的玉子烧抬起，使蛋液铺满玉子烧的下方。

9 卷第二次。

重复**5**~**7**，卷第二次，然后将玉子烧推向外侧。

10 卷第三次。

留一点蛋液，其余倒入锅中，使蛋液铺满锅底。重复**5**~**7**，卷第三次，然后将玉子烧推向外侧。

11 将剩下的蛋液煎成薄薄的一层。

转极小火，倒入剩余的蛋液，铺成极薄的一层，将玉子烧从外侧向内侧卷，然后推向外侧，再翻面，轻轻地煎烤。

12 整理形状。

整理出好看的形状。盛盘，放上染色白萝卜泥。

凉了也好吃的玉子烧

1 制作蛋液，开始煎制。

在碗中将鸡蛋打散，加入高汤、砂糖、淡口酱油和冬葱，混合均匀。按照p.40**2**~**3**准备煎玉子烧的锅。将煎锅再次加热，倒入1/3的蛋液，均匀铺开。

2 用筷子戳破大泡。

出现大泡后，立刻用筷子戳破，使蛋液均匀地铺在锅底。

3 卷第一次。

在蛋液的边缘变熟，中间仍为半熟的状态时，用筷子将外侧的鸡蛋从锅中剥离，从外侧向内侧卷至1/3处，然后再卷一次。下一步与p.40**7**相同。

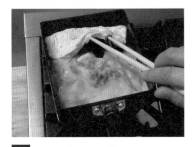

4 倒入蛋液。

在空出来的内侧涂上薄薄的一层色拉油，倒入剩余蛋液的一半。将外侧的玉子烧抬起，使蛋液铺满玉子烧的下方。下一步与p.40 **9** ~p.41**10**相同。

5 将剩下的蛋液煎成薄薄的一层。

转极小火，倒入剩余的蛋液，铺成极薄的一层，将玉子烧从外侧向内侧卷，然后推向外侧，再翻面，轻轻地煎烤。整理出好看的形状。

这样做出的玉子烧表面十分细腻，外形很好看。

主厨之声

如果不喜欢卷好的形状，可以用竹帘卷起来重新调整。如果还是不能接受，就用大片的紫菜卷起玉子烧，再切成一口的大小，这样就可以遮盖形状了。

金黄酥脆的秘密就在外衣里！

炸大虾

面包糠、糯米饼碎、苏打饼干……
如果使用熟的外衣，炸起来会更简单

在家中制作油炸类菜肴的时候，是不是总会困惑"炸到什么程度捞出来最好呢"。**如果使用已经熟了的外衣**，比如，面包糠、糯米饼碎、苏打饼干等，这个问题就会变得更简单。

制作油炸料理的难点在于外衣和食材都要炸熟。如果外衣已经熟了，那么将食材稍微炸一下就可以了，像大虾、鱿鱼这些食材，不过度加热，口感才会柔软多汁。使用熟外衣就像游泳时套上"游泳圈"，谁都能很轻松地做出油炸的美味。

使外衣和食材的火候都刚好，对于天妇罗来说也很难。制作天妇罗时，需要将面粉和水混合制成外衣，再精心地炸，受热后水分会蒸发，但不能把中间的食材炸过火，如果用需要快速加热的食材制作天妇罗，难度会更大。

炸的时候需要仔细

下面我来教大家油炸时的操作要点。**将食材放入油中后，要使其基本保持不动**。因为食材浮在油中会均匀加热，放着不管也没关系。如果不停地翻动或晃动食材，外衣就很容易脱落。炸熟的食材会自然浮起来，捞出即可。但是需要注意几个问题。新磨粉和糯米饼碎外衣会使食材浮起得更早，但食材浮起后不要马上捞出，再稍等一会儿。玉米片有糖分，很容易炸焦，所以请使用低油温。

下面介绍的炸大虾是直接食用的，不蘸天妇罗酱汁，请趁热撒盐调味，这样能保证虾肉原汁原味，十分美味。你可能会问，为什么不一开始就在食材中加盐呢？因为如果这么做，食材就会变硬，在出锅后加盐才是最美味的。

材料（方便制作的分量）

虾	10只

◻ 外衣
⌐ 道明寺粉	适量
新磨粉	适量
糯米饼碎	适量
玉米片	适量
⌊ 苏打饼干	适量
蛋白	2个
低筋面粉	适量
油炸用油	适量
盐	适量

这里使用的5种外衣

道明寺粉
将糯米蒸熟后干燥

新磨粉
将道明寺粉磨碎炒熟

糯米饼碎
将切得极小的糯米饼碎油炸

玉米片
将玉米粉用水调成糊后加热、干燥、炒熟

苏打饼干
咸味饼干

1 将外衣碾碎。

将玉米片或苏打饼干用手碾碎，会更容易粘在虾上，口感也更酥脆。

2 剥虾壳，去除虾线。

将虾壳剥掉，从侧面横向入刀切开虾背，用刀尖去掉虾线。

3 将虾轻轻洗净。

在碗中倒入清水，温柔地将虾洗净，去除腥味。

> 如果使用盐水，就会沾上咸味，使用清水即可。

4 擦干水分。

将虾放在毛巾上，用毛巾在上方轻轻按压，擦干水分。请勿用力压。

5 扎上牙签。

将虾卷成圆形，扎上牙签。

6 用布过滤蛋白。

小心过滤蛋白，使其质地清爽，这样蛋白就能均匀地裹在食材上了。

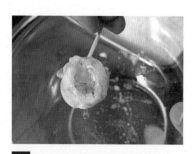

7 给虾裹上低筋面粉和蛋白。

用刷子在 **5** 的虾上涂抹一层薄薄的低筋面粉，再浸在蛋白中，均匀地裹满蛋白。

> 蛋白就像粘贴外衣的胶水，要使其均匀地裹满虾身。

8 粘上外衣。

将5种外衣分别裹在虾上。

9 准备油炸用油。

在锅中加入油炸用油，加热至160℃左右。放入苏打饼干，待油稍稍起泡，就说明油温合适。

> 因为熟了的外衣水分较少，容易炸焦，所以油温要低于炸天妇罗（170～180℃）时的温度。

10 开始炸。

在 **9** 中放入除了裹上玉米片外衣以外的虾。虾放入后会马上沉底，冒出少量的气泡。

11 油炸结束。

虾浮起后，就说明炸好了。浮起是虾炸熟的标志。如果炸得过火就不好吃了，注意不要炸过头。

> 这种炸大虾不需要炸出较深的颜色。

12 放在网上，撒盐。

快速将虾捞到网上，立刻撒盐调味，沥干油分。

13 炸裹上玉米片外衣的虾。

稍稍降低油温，放入裹上玉米片外衣的虾。

> 因为玉米片外衣容易炸焦，所以要先把油温降低一点。

14 浮起后捞出。

当沉底的虾浮起后，就炸好了。捞到网上，撒盐调味。

苏打饼干炸大虾的变化

油炸苏打饼干虾肉三明治

如果是用来招待客人的，用复杂一些的油炸菜品是不是更好呢？使用的食材与苏打饼干炸大虾基本相同，制作方法如下。

材料（2人份）

虾	4只
苏打饼干	6片

◘ 天妇罗外衣

┌ 低筋面粉	50g
└ 水	70mL
低筋面粉	适量
盐	适量
油炸用油	适量

制作方法

1 将虾按照p.44的 **2**~**4** 处理好，用刀剁成大粒的肉泥。

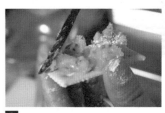

2 用刷子在苏打饼干上涂一层薄薄的低筋面粉，然后抹上肉泥，再用苏打饼干夹起来。

3 将制作天妇罗外衣的材料混合均匀，将 **2** 裹满外衣后，放入160℃的热油中炸。这时苏打饼干虾肉三明治会马上浮起来，但是要炸到苏打饼干稍稍上色为止。撒盐，切分后盛盘。

蔬菜前菜

日本料理十分重视季节感，即使是简单的烤鱼或烤肉，也会搭配一点应季蔬菜，这样不仅颜色丰富，还十分富有风情。下面介绍的蔬菜前菜虽然只是为了主菜抛砖引玉，却也十分重要。就像它的名字一样，前菜基本都是放在主菜的右前侧。

春

芥子酱油浸油菜花

将油菜花用盐水焯一下，浸入酱油浸汁中（高汤、酱油、清酒按照7：1：1的比例混合，加入芥子酱化开，混合均匀）。挤出汁水，盛盘。使用一次高汤或二次高汤都可以。

花椒芽白萝卜泥

将白萝卜擦成泥，放入滤网中，在水中浸泡一下，轻轻挤干水分。将花椒芽切碎，与白萝卜泥混合均匀。盛盘时，最好做成高山的形状。

夏

腌黄瓜

将黄瓜切成小圆片，浸泡在浓度为1.5%的盐水（500mL清水溶解7.5g盐）中，黄瓜变软后，挤出水分。撒上炒白芝麻即可。

甜酸姜芽

用刀将新姜切成好看的形状，快速焯一下。浸泡在甜酸酱汁（醋50mL、水50mL、砂糖1大勺、盐少许，混合均匀）中即可。

秋

柚子白萝卜

将白萝卜切成方条，浸泡在浓度为1.5%的盐水（500mL清水溶解7.5g盐）中。萝卜变软后，轻轻挤出水分。将白萝卜和柚子皮的细丝浸泡在浸汁（水、醋、盐按照的3：2：0.2比例溶解混合）中即可。

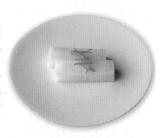

烤栗子

将甘露煮栗子（罐头）的水分擦干，用烤鱼架将栗子的一部分烤至上色。

冬

梅花山药

将山药切成梅花状，浸泡在浓度为1.5%的盐水（500mL清水溶解7.5g盐）中。山药变软后，沥干水分，与少许切成小圆段的红辣椒一起浸泡在甜酸酱汁（与甜酸姜芽使用的酱汁相同）中。

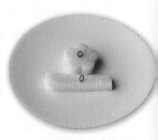

拌橘子

将山药用刀切碎，与柑橘类水果（橙子、橘子、金桔的薄片等）混合均匀。

第二章

炖煮料理

炖煮料理拥有家庭料理独有的美味。

炖煮时蒸腾的热气和香气，都让人垂涎欲滴。

这一章介绍的料理将让大家充分享受到野崎主厨所说的

食材不过度加热的美味。

还会与大家分享什锦锅的美味秘诀，很适合全家人一起享用。

简单的煮鱼料理是基础中的基础。
将鱼提前用盐腌渍，就是美味的秘诀。

淡煮马鲛鱼

所谓料理的美味，其实就是激发出食材的原味

"淡煮"是我想出来的料理名。日本料理的美味绝不是指鲜味强劲。我认为清淡的调味方法更能突显食材本来的味道。这道菜是制作炖煮类料理的基础，用盐腌渍鱼是美味的关键。**在短时间内，让食材的鲜味转移到汤汁中，正是这道料理的"味之道"**。

"短时间"正是现代烹饪最重要的理念之一。现在超市出售的食材几乎不存在新鲜度不好的问题，因此没有必要用大火加热灭菌。**"鱼块不能炖煮超过5分钟"**是我做煮鱼料理的原则。这样做出来的才会肉质柔软多汁，鲜味丰富，吃的时候能充分品尝到食材原本的味道。"味之道"使短时间加热变成可能，而且不易失败。余热烹调已经成为法国料理界的主流，日本料理也必须要不断学习！

用水煮鱼即可

这道料理使用了马鲛鱼，也可以使用其他鱼类。无论使用什么鱼，制作方法都是相同的。因为鱼的鲜味会转移到汤汁中，所以无需使用高汤，用水即可。如果使用了高汤，柴鱼片和昆布的鲜味就会削弱鱼的美味，这样就本末倒置了。能品尝到食材的"原汁原味"便是日本料理的魅力所在。这种清淡的美味，怎么都吃不腻。

材料（2人份）

马鲛鱼块（60g）	2块
盐	适量
生香菇	2朵
大葱	1根
豆腐（切成40g一块）	2块
裙带菜（泡发）	30g
水芹	1/2把

☑ 汤汁 `16：1：1`

水	400mL ➔16
淡口酱油	25mL ➔1
清酒	25mL ➔1
昆布	1片边长5cm的方形

准备

◉ 去掉生香菇的柄。

◉ 将大葱切成5cm的长段，表面斜向划上2~3道切口。

◉ 裙带菜切成易于食用的大小。

◉ 将水芹快速焯一下，沥干水分，切成5cm的长段。

大葱不易加热，所以斜向划上切口，将表面纤维切断，就能快速煮熟。

1 在马鲛鱼上撒盐。

在平盘中撒上盐,放上马鲛鱼,再给朝上的一面撒上盐。腌渍30分钟。

不用太担心盐的用量,后面还会清洗。

2 焯蔬菜。

锅中的水煮沸后,将生香菇和大葱用漏勺放入水中浸泡30秒,然后捞出,沥干水分。

香菇和大葱有很大的异味,焯水可以去掉异味,做出料理的味道会很清爽。

3 将马鲛鱼焯水。

将马鲛鱼放在漏勺中,浸入 **2** 的热水中。鱼肉发白后捞出。

使用烫过蔬菜的水也没关系。如果先将肉类放入热水中,热水就不能再次使用了,所以要最后焯烫肉类。制作其他料理时也是一样。

4 放入凉水中。

将马鲛鱼放入凉水中,用手指轻抚鱼块,将表面的污垢和黏液洗净。

有时鱼块上会残留污垢,轻轻地洗干净即可。

5 将食材放入锅中,开始炖煮。

在另一口锅中放入豆腐、马鲛鱼、生香菇、大葱、制作汤汁的材料,用中火加热。

因为马鲛鱼提前焯过水,所以放入凉的汤汁中直接加热即可,这样不会煮过火,马鲛鱼的鲜味也会转移到汤汁中。

6 加入裙带菜。

汤汁沸腾后转成小火,放入裙带菜。保持微微沸腾的状态,煮1~2分钟。

7 出锅。

待马鲛鱼煮熟且鲜味转移至汤汁中就做好了。出锅,放上水芹。

鱼煮熟后就要关火,虽然加热时间较短,但是马鲛鱼的鲜味已经充满了汤汁。

主厨之声

我经常告诉别人"有香味从锅中飘出后,就可以结束炖煮了"。因为煮的时间短,所以要一直注意锅中食材的状态。当飘出香味后,就说明煮熟了。请记住这个香味哦。

【日本料理的变化】使用盐渍的鱼

用盐渍的鱼能做出很多料理，如汤面、清汤等，而且制作方法简单，香味丰富，美味沁人心脾。

青花鱼热挂面

食欲不好或是想吃夜宵，但又不想给肠胃增加负担的时候，最适合吃一碗温暖的挂面。但如果要制作高汤、准备配菜，就未免太麻烦了。其实只需要用盐渍过的青花鱼块就能做出汤汁美味的素面。

材料（2人份）
青花鱼块（15g）…… 4块
盐…………………… 适量
挂面……………………… 100g
生香菇………………… 2朵
大葱…… 4根5cm长的段
姜………………………… 10g
┌ 水…………………… 600mL
淡口酱油………… 30mL
Ⓐ 清酒……………… 10mL
昆布…………………
└ …1片边长5cm的方形
青柚子皮（切丝）… 适量

制作方法

1 在青花鱼块的两面撒上一层薄薄的盐，腌渍20～30分钟。

2 切掉生香菇的柄。在大葱表面斜向划出切口。姜切成薄片。

3 锅中的水煮沸，将**2**用漏勺放入热水中，浸泡约30秒后捞出。再将**1**用漏勺浸入热水中焯至发白，捞出后沥干水分。

4 在另一口锅中放入Ⓐ、**3**，用中火加热。同时再用一口锅烧水煮面。

5 **4**的汤汁煮沸后，放入煮好的素面，煮开即可关火。盛入碗中，放上青柚子皮。

金目鲷鱼清汤

用鱼很容易就能做出美味的高汤，所以做清汤十分简单。即使不加入高汤，鱼和昆布的搭配也足够鲜美了。也可以使用其他鱼类。

材料（2人份）
金目鲷鱼块（30g）…2块
盐…………………… 适量
蘑菇…………………… 2朵
茼蒿…………………… 2根
青柚子皮（切薄片）…2片
┌ 水…………………… 300mL
淡口酱油…… 15mL略少
Ⓐ 清酒……………… 5mL
昆布…………………
└ …1片边长5cm的方形

制作方法

1 在金目鲷鱼块的两面撒上一层薄薄的盐，腌渍20～30分钟。

2 将锅中的水煮沸，蘑菇去柄后用漏勺浸入热水中，浸泡10秒左右捞出。再将**1**用漏勺浸入热水中焯至发白，捞出后沥干水分。

3 在锅中加入Ⓐ和**2**，用中火加热，煮熟后加入茼蒿。盛入碗中，放入青柚子皮。

制作味噌煮青花鱼不需要长时间炖煮，否则就不好吃了！

味噌煮青花鱼

味噌煮青花鱼一直是搭配白米饭的人气料理。这道料理中最重要的是什么呢？就是能感受到青花鱼的鲜美和味噌的风味，所以，我想传授给大家的秘诀就是**"不要过度炖煮"**，这样做出的鱼肉才会口感软嫩。**现在买到的鱼新鲜度都不错，所以没有必要长时间炖煮。**

慢慢煮，让味噌的味道渗入鱼肉中，一定会有人这样做吧。这是在鱼类流通不发达的时代，买到新鲜度不好的鱼才会使用的做法。虽然彻底加热十分安全，但是鱼肉会因此变得干巴巴的，鲜味也会减弱。请大家一定要试一试下面的制作方法，大家应该能强烈地感受到食材原本的味道。

材料（2人份）

青花鱼块（60g）	4块
盐	适量
姜（切成薄片）	3～4片

酱汁

水	100mL
清酒	100mL
田舍味噌	3大勺（50g）
砂糖	2大勺
醋	15mL
水淀粉（水、马铃薯淀粉各1小勺）	2小勺
大葱（切成细葱丝➡p.55）	2根4cm长的段

1 在青花鱼的鱼皮上划上装饰花纹。

在每一块青花鱼的鱼皮上划上十字形切口作为装饰。

> 因为炖煮时间短，所以划上花纹更容易入味，又因切口十分好看，所以叫"装饰花纹"。

2 在青花鱼的两面撒盐。

在平盘中撒上盐，将 **1** 放入平盘，再给朝上的一面撒上盐。腌渍10分钟。

> 在这一步中使鱼块入味。

3 将青花鱼焯至发白，用冷水清洗。

将锅中的水煮沸，加入一点凉水，将水温调整至90℃左右。将 **2** 放在漏勺上，浸入热水中，焯至发白后捞出。再将鱼块放入冷水中，用手指摩擦表面，去掉污垢，然后用厨房用纸轻柔地擦干水分。

4 混合制作酱汁的材料。

在盆中放入田舍味噌、砂糖，混合均匀。再慢慢加入剩余的食材，混合至味噌和砂糖完全化开。

5 在锅中放入食材，开始煮。

在另一口锅中整齐地摆放入鱼块，再倒入 **4**，盖上落盖，用中火加热。

> 为了盛盘时外观好看，所以将鱼皮向上放入锅中。

6 用小火煮。

煮沸后转成小火，保持落盖四周有小泡冒出的状态，煮5分钟。

> 沸腾后的火力不宜过强，请用小火温柔地煮。

7 取出青花鱼，将酱汁煮浓稠。

酱汁煮到还剩一半时，暂时将青花鱼小心地取出。转成大火，酱汁沸腾后加入姜片，将酱汁煮至初始分量的1/3左右。

> 这里只需要姜的香味，在快煮好时加入姜片即可。

8 勾芡。

在酱汁轻微沸腾的状态下，加入水淀粉，然后混合均匀，增加黏稠度。

> 如果酱汁的黏稠度过高，口感就不会好，所以勾薄芡即可。

9 放回青花鱼，使其裹满酱汁。

保持酱汁轻微沸腾的状态，将取出的青花鱼放回锅中。用勺子将酱汁淋在青花鱼上，直到鱼块上裹满酱汁。盛盘，放上细葱丝。

煮却不"久煮"，这样才能充分享受食材的本味。

煮鲲鱼

长时间炖煮会使肉质变得又干又硬

现在在家中制作鱼类料理时，大多使用鱼块，但是如果使用整条鱼，又能品尝到完全不同的美味。

和其他煮鱼料理相同，用整条鱼制作料理时，也不要过度炖煮。如果炖煮过度，肉质就会变得干巴巴的，一点也不好吃。制作时，将鱼放入凉的酱汁中直接加热，沸腾后立刻调成小火，温柔地煮5分钟左右即可捞出，**一定不能炖煮10分钟以上**。然后把酱汁煮浓稠，再将鱼放回锅中裹满酱汁。由于鱼身上覆盖着鱼皮，如果使用比煮鱼块更加文弱的火加热，口感就会更细嫩，用筷子一夹，鱼肉便会松散，入口十分鲜美。

酱汁中使用清酒的原因

为了不过度炖煮，制作酱汁的材料十分关键，而且酱汁的分量不能太多，还要保证盖上落盖后，酱汁能在锅中自由流动。500mL的酱汁中含有水300mL，清酒200mL，**可以将容易挥发的清酒看作"需要蒸发出去的水"**。虽然我们希望煮鱼时酱汁的分量充足，但将鱼取出后，还是希望酱汁中的水分能快速蒸发，使酱汁变浓稠。因此，这里很适合使用会快速挥发的清酒，而且酒精挥发时还能带走鱼的腥味，使料理的味道更纯净，真的是一举两得。

煮鱼时，放入牛蒡、香菇等食材一起煮，就能做出一盘营养均衡的料理，而且植物性和动物性的鲜味相辅相成，美味也会加倍。这里使用了牛蒡和生香菇，在任何季节都能制作。也可以在春天时使用煮熟的春笋，在夏天时使用茄子，在秋天时使用处理好的莲藕或芋头，在冬天时使用煮熟的白萝卜。

材料（2人份）

鲲鱼（去掉鱼鳞、内脏、鱼鳃）
...............................1条
牛蒡（5cm长的段）............2段
生香菇..........................2朵
姜（切薄片）...................1块
四季豆..........................4根
大葱（切成细葱丝）...........
...............................2根4cm的长段

酱汁 5:1:1

水................................ 300mL
清酒............................200mL ➡5
酱油............................100mL ➡1
味啉............................100mL ➡1
（选用）砂糖..................2大勺

也可以使用鱼块制作，马鲛鱼、鲕鱼、金目鲷鱼都可以。但是炖煮的时间需要调整，一整条鱼要煮5分钟，鱼块煮2～3分钟即可。

准备

◉ 提前在盆中倒入冰水。

◉ 将四季豆煮熟，横向对半切开。

◉ 将大葱切成细葱丝。横向将葱段纵向切开，再在砧板上将葱白展开，沿着纤维纵向切成细丝，过水备用。

1 准备蔬菜。

将牛蒡纵向对半切开，再用木臼等工具将纤维敲打松散。去掉生香菇的柄。

> 因为牛蒡很硬，敲打后纤维会变得松散，表面积也会增加，这样更容易入味。

2 给鲬鱼划上装饰花刀。

在鲬鱼鱼肉较厚的部分（靠近背鳍）斜向切上十字形花纹。背面也用同样的方法处理。

> 不要提前撒盐，盐无法浸入鱼皮，因此这样做没有意义。

3 在锅中准备 80℃的热水。

将锅中的水加热至80℃。

> 如果没有温度计，就在1L沸水中加入300mL的凉水，这样差不多就是80℃。

4 焯烫蔬菜和鱼。

用漏勺将 **1** 浸入 **3** 的热水中。用筷子将食材分散开，浸泡10秒钟，沥干水分。然后用漏勺将鲬鱼浸入同一锅热水中。待装饰花纹的切口发白，背鳍立起来后，就可以捞出了。

5 在冰水中去除鲬鱼的污垢。

将鲬鱼放入冰水中，洗净表面残余的鳞片、黏液、腹中的污垢。

> 这里要尽量使用冰水。鱼皮中的胶质凝固后，鱼皮就不会脱落了。

6 擦干水分。

将 **5** 的鲬鱼放在毛巾或厨房用纸上，轻轻地按压鱼身，擦干水分，鱼腹内的水也要擦干。

7 将鲬鱼放入锅中，保护好鱼尾。

在另一口锅中放入鲬鱼，在鱼尾下垫一张烘焙用纸或锡纸，不要让鱼尾与锅体直接接触。

> 锅的大小十分重要，请选择能使酱汁没过鱼身的尺寸。将盛盘时向上的一面朝上放入锅中。

8 加入酱汁和蔬菜。

在 **7** 的锅中加入制作酱汁的全部材料，再加入焯好的牛蒡和香菇。

9 盖上落盖，开始煮。

用中火加热，盖上落盖。煮沸后转成小火，保持落盖周围有少许气泡冒出的状态，温柔地炖煮。

> 火力不宜过强，请用小火温柔地炖煮。

10 煮5分钟左右。

煮5分钟左右，将鲴鱼加热至六七成熟。

11 将鲴鱼取出。

用平底铲将鲴鱼捞起，放入平盘中，注意不要弄碎。

鲴鱼肉质软嫩，为了保持外形美观，请小心盛放。

12 将酱汁煮浓稠。

将火力稍稍调大，使酱汁保持沸腾，将其煮浓稠。当酱汁还剩初始分量的一半时，颜色会变深，气泡呈现出光泽感。

酱汁变浓稠后，口感也会变得更好。

13 放回鲴鱼。

用平底铲将鱼小心地放回锅中。

仍然将盛盘时在上方的一面朝上放置。

14 再次将鱼尾保护起来。

在尾鳍下垫一张烘焙用纸或锡纸，以防烧焦。特别是将酱汁煮浓稠后，更容易烧焦。

15 一边淋酱汁，一边煮。

将锅倾斜，用勺子舀起酱汁淋在鲴鱼上，使鲴鱼裹满酱汁。

16 加入姜片。

当酱汁变为初始分量的1/3，煮沸的气泡细腻有光泽时，加入姜片。

17 出锅。

姜的风味浸入酱汁中后，就煮好了。将鲴鱼与香菇、牛蒡一起盛盘，并倒入充足的酱汁。搭配上煮熟的四季豆和细葱丝。

这里的酱汁就是调味汁。
将鲽鱼炸好，稍稍煮一下，使鱼块裹满酱汁，然后出锅。

萝卜泥煮鲽鱼

将食材与白萝卜泥一起炖煮的烹饪方法也可以叫"霙煮"。白色的萝卜泥看起来就像降落的雨雪，这种制作方法也因此得名。用优美的词汇为菜品命名也是日本料理才有的典雅。

这道料理也叫"炸煮"。在鱼块上粘满面粉外衣，炸至八成熟后入锅炖煮，**不用太在意煮的火候**，让味道裹在鱼上即可。这里使用的酱汁就相当于调味汁，加入萝卜泥可以使酱汁更充分地裹在鱼块上。

由于**这道料理的炖煮时间短，鱼的鲜味不会渗入酱汁中**，所以需要使用高汤。此外加入白萝卜泥会使酱汁的味道变淡，鱼肉也不容易入味，所以调味要稍浓一些。

材料（2人份）

鲽鱼块（25g）	6块
白萝卜泥（轻轻挤干水分）	60g
鸭儿芹（切成3cm长的段）	1/3把

◘ 酱汁 `10:1:1`

┌ 一次高汤（➡p.11)	300mL	➡**10**
├ 淡口酱油	30mL	➡**1**
└ 味啉	30mL	➡**1**
低筋面粉		适量
油炸用油		适量
七味辣椒粉		适量

用其他白身鱼块制作也很美味。用猪肉或鸡肉也可以。

1 用刷子涂抹低筋面粉。

用刷子蘸取低筋面粉，在鲽鱼块上涂上薄薄的一层。两面全部涂满。

> 涂上面粉就像给鱼块包了一层薄膜，可以使火力间接地渗入鱼肉。面粉一定要涂薄。

2 用 170℃的油炸制鲽鱼。

将油炸用油加热至170℃，放入 **1**。

3 炸至八成熟即可。

炸至淡褐色就可以捞出了，此时为八成熟。

> 因为还要继续炖煮，所以不要完全炸熟。

4 开始炖煮。

在锅中放入制作酱汁的材料，加入 **3**，用中火加热。

5 加入白萝卜泥。

轻微煮沸后，加入白萝卜泥。

6 使白萝卜泥与酱汁混合均匀。

一边将白萝卜泥分散开，一边与酱汁混合均匀。

> 使鱼块上裹满酱汁。

7 加入鸭儿芹，出锅。

煮沸后加入鸭儿芹，将菜叶铺开后快速煮一下。鸭儿芹变软后出锅。盛盘，根据喜好撒入七味辣椒粉。

落盖的使用方法

酱汁较少时需要盖上落盖。即使酱汁很少，落盖也可以使酱汁在锅中不断流动。那么，酱汁多的时候，就没有必要盖落盖了吗？是的，无需盖落盖。如果盖上落盖，食材的异味不能挥发，会全部积聚在酱汁中。此外，落盖的重量也十分重要。只有在酱汁沸腾时不会浮起的落盖才会发挥作用，因此使用铝箔是没有意义的。

让油脂丰富的鱼吃起来更清爽。

醋煮沙丁鱼

正如它的名字一样，醋煮是以醋为主要味道的炖煮菜，总的来说，它是一种让青背鱼或鸡腿肉等脂肪含量丰富的肉类吃起来更清爽的料理。

沙丁鱼的鱼皮闪耀着美丽的银色光泽，是俗称的"光泽鱼"的一种。但是这层鱼皮非常脆弱，**一接触高温就会裂开，所以需要用70℃的热水焯烫**。这道菜也和其他煮鱼料理相同，不能过度炖煮，而且沙丁鱼个头很小，炖煮时间也要缩短。炖煮结束后，清澈的汤汁就是使用了新鲜沙丁鱼的完美证明。

大家可能会想"竟然在煮鱼里放番茄！"，其实醋的酸味和番茄的甜酸非常搭配，而且番茄的鲜味很强，本身就是制作高汤的食材。**蔬菜的鲜味和鱼的鲜味相辅相成，就算使用少量的调味料也会非常美味。**

材料（2人份）

沙丁鱼	6条
盐	少许
生香菇（去柄）	2朵
大葱	4根5cm长的段
番茄（用热水去皮后切成梳子形）	1/2个（80g）
姜（切薄片）	1块

✿ 汤汁 6:1:1:1

水	150mL	
清酒	150mL	➡6
酱油	50mL	➡1
味啉	50mL	➡1
醋	50mL	➡1
荷兰豆（焯水）	2个	

60

1 准备70℃的热水处理沙丁鱼。

去掉沙丁鱼的鳞和头，将腹部斜向切开，去除内脏。在盆中倒入淡盐水，将沙丁鱼的腹部洗干净。在锅中倒入1L水，煮沸后加入400mL凉水，调节成70℃左右。

2 给沙丁鱼焯水。

将沙丁鱼用漏勺浸入**1**的热水中，鱼肉发白后捞出。

> 沙丁鱼的鱼皮很脆弱，为了不使鱼皮绽开，要用温度较低的水。

3 放入冷水中。

将**2**的沙丁鱼放入冷水中，用手指轻抚表面，去除黏液和腹中的污垢。用厨房用纸将水分温柔地擦干。

> 用冰水也可以。使用尽可能凉的水，鱼皮中的胶质凝固后就不容易破裂了。

4 在锅中放入沙丁鱼、汤汁、蔬菜。

将**3**整齐地放入锅中，注意不要堆叠。放入制作汤汁的材料、生香菇、大葱。

> 请准备一口正好能将沙丁鱼平铺放入的锅。如果沙丁鱼堆叠在一起，炖煮时不仅受热不均匀，鱼皮也有可能破裂。

5 盖上落盖，开始煮。

盖上落盖，用中火加热。煮沸后转成小火，保持锅边不断有细小的气泡冒出的状态，煮5分钟左右。

6 加入番茄和姜。

加入番茄和姜，保持食材轻微沸腾的状态。

> 一般情况下，加入姜是为了去除腥味，但这里的姜是为了中和沙丁鱼的油腻感，它会使料理的口感更清爽。

7 番茄煮热就可以出锅了。

待番茄煮热，姜的香味浸入汤汁中，就煮好了。盛盘，搭配上荷兰豆。

食用煮沙丁鱼的方法

1 用筷子轻轻按压鱼的背部与腹部。这样就能轻松地将鱼肉和鱼骨分离。

2 夹住上侧的鱼肉，向上提拉至尾鳍。

3 用筷子夹住尾鳍，向头部一侧提起，就能将鱼骨剥离了。使鱼肉充分浸泡汤汁后再食用。

用余热将牛肉加热到半熟，
这种方法既简单又不易失败。

和风烤牛肉

虽然这道料理的名字是"烤牛肉"，但其实是用煎锅蒸煮的。这个方法制作简单，而且不易失败，用的工具也非常少。

这是一道蒸煮料理，但加热的时间很短，**主要是用余热烹调**，也不需要繁琐的步骤。制作时有2个要点。一是在加热前要将牛肉完全恢复至常温。因为如果牛肉的温度太低，就不易将中心部分加热至半熟。二是需要准备一口锅壁较厚，肉刚好能放入的带盖子的锅。

将牛肉切成断面边长为5~6cm的方形肉块。这一点请务必遵守，**因为如果厚度不够，中心很快就会热透，也就做不出半生的状态了**。而且做好后切成方形肉片，也刚好能用筷子夹起来一口吃掉。不在盘子里使用餐刀分切食物也是日本料理的特点之一。

材料（方便制作的量）	
牛腿肉（恢复至常温）	400g
大葱（切碎）	1根
绿紫苏（切碎）	10片
盐、胡椒	各适量
色拉油	3大勺
Ⓐ 清酒	45mL
Ⓐ 酱油	30mL
Ⓐ 水	30mL
糖浆	1大勺

🔲 调味料

黄色萝卜泥（轻轻挤干水气的白萝卜泥1/2杯、蛋黄1个） …… 适量

酸橘（对半切开） …………… 1块

水芹 …………………………… 适量

1 给牛肉撒上盐、胡椒。

将牛肉放在平盘中，撒上足量的盐和胡椒。翻动牛肉，每面都要均匀地撒上盐。腌渍15分钟。

虽然不在肉上撒盐，有鲜味的肉汁就不会渗出，味道也会更好，但是这道料理调味较淡，需要适当撒盐入味。

2 煎烤牛肉的表面。

在煎锅中倒入色拉油，用大火加热，放入**1**。翻面，每一面都要煎烤。立起牛肉，将切面也煎至变色。

煎烤的同时，在另一口锅中将水煮沸备用。

3 焯牛肉。

将**2**放入煮沸的热水中快速焯一下，去掉多余的盐分、油脂、污垢后捞出。

焯水可以去掉多余的盐分，所以不用严格控制最初撒盐的分量。

4 倒入制作酱汁的材料，开始煮。

将**Ⓐ**倒入直径16cm，刚好能放入肉块的煎锅中。加热至沸腾后，放入大葱、绿紫苏混合均匀。放入**3**，翻转肉块，使酱汁裹在上面。立起肉块，使断面也裹满酱汁。

5 蒸煮后取出。

用极小火加热，盖上盖子，煮10分钟左右。中间不时地给肉块翻面，使酱汁裹在肉上。将牛肉取出放在平盘中，冷却至常温。

蒸煮时请使用大小合适，能够密封的盖子。

6 在酱汁中加入糖浆。

用较强的中火加热煎锅，煮沸剩余的酱汁，加入糖浆，混合均匀。

加入糖浆的目的不是增加甜味，而是用糖浆的保湿能力使牛肉表面保持水嫩。而且糖浆的黏稠度会随温度降低而增加，有助于酱汁更好地裹在牛肉上。

7 将酱汁煮浓稠。

一边搅拌一边煮，待气泡变大，浓度增加后，即可关火。

气泡变大是酱汁煮好的标志。刚煮好的酱汁浓稠度偏稀，但温度降低后浓稠度会增加，所以没有关系。

8 将酱汁淋在牛肉上。

将煮沸的**7**均匀地淋在**5**的牛肉上。

9 盖上铝箔纸冷却。

在方盘中放入牛肉，立刻盖上铝箔纸，并与平盘的边缘贴合紧，不要露出空隙，尽可能密闭。将牛肉冷却至常温，再切成5mm厚的薄片。盛盘，淋入酱汁，放上黄色萝卜泥等调味料。

传统筑前煮

新式筑前煮

64

教大家制作2种非常下饭的筑前煮，让配菜成为主角。

筑前煮2品

根据不同的饮食偏好变换调味

筑前煮是日本料理中具有代表性的人气炖煮菜。随着时代与饮食偏好的变化，人们追求的味道也在发生变化。

在我小的时候，白米饭是餐桌上的主角，为了下饭，所以筑前煮的味道非常浓厚。用油烹炒后，再用甜味的酱汁炖出光泽。就算现在作为便当菜吃起来会非常美味，真是令人怀念。

但是现在的人均大米消费量大幅减少，菜肴正在成为餐桌上的主角，人们更想要享受下酒菜的美味，于是开始追求可以直接吃的适口味道。因此，清淡、品质好且能充分体现食材本来味道的料理开始受到青睐。

下面将介绍**满足这2种不同饮食偏好的筑前煮的制作方法**，它们使用的食材和调味料基本相同。快来享受这2种不同的美味吧。

改变切法和搭配，体现各自不同的味道

虽然这两种筑前煮使用的食材和调味料基本相同，但不易煮熟的牛蒡、胡萝卜、莲藕的切法和整体的调味方法是不同的。传统筑前煮需要先烹炒，而且炖煮时间长，食材都切成了大滚刀块；现在的新式筑前煮需要先焯水，而且炖煮时间短，要将食材切成薄片。在调味方法上，前者酱油的用量更多，食材上裹满酱汁后，味道浓郁；而后者使用浓口酱油和淡口酱油各半，口感较为清爽。

在鸡肉的处理上也有很大的不同。在传统做法中，烹炒鸡肉是为了让油脂增加浓郁的口感，而现在则是用热水焯烫。**但不能过度炖煮导致肉质变硬，这一点是相同的。**请在根菜基本煮熟后再加入鸡肉轻煮，这是不可违背的原则。

◆ 传统筑前煮

材料（方便制作的分量）

鸡腿肉	250g
芋头	200g
牛蒡	50g
胡萝卜	100g
莲藕	120g
生香菇	4朵
魔芋	1/2片（130g）
色拉油	3大勺

◻ 酱汁

⌈ 水	500mL
酱油	75mL
味啉	60mL
⌊ 砂糖	1大勺
大葱的葱叶部分	1根份
四季豆	3根

准备

◉ 将四季豆焯水。

◆ 新式筑前煮

材料（方便制作的分量）

鸡腿肉	250g
芋头	200g
牛蒡	50g
胡萝卜	100g
莲藕	120g
生香菇	4朵
魔芋	1/2片（130g）

◻ 酱汁

⌈ 水	500mL
酱油	30mL
淡口酱油	30mL
味啉	60mL
⌊ 砂糖	1大勺
昆布	1片边长7cm的方形
荷兰豆	4个

准备

◉ 将荷兰豆焯水。

1 准备食材。

芋头去皮，削成六边形（→p.77），再切成滚刀块。将带皮的牛蒡、胡萝卜、莲藕切成一口大小的滚刀块。将生香菇去柄，魔芋用勺子切割成一口大小，鸡肉切成一口大小。

2 鸡肉烹炒后取出。

在锅中倒入色拉油，用中火加热，加入鸡肉翻炒。炒至表面变白，暂时将鸡肉取出。

先将鸡肉炒一下，油脂渗出后，暂时盛出。油脂中充满了鲜味，请留在锅中。

3 烹炒配菜。

将**1**中剩余的配菜全部放入**2**的锅中翻炒，与油混合均匀后，加入大葱的葱叶，再轻轻翻炒混合。

加入葱叶后，料理的香味和味道都会更好。葱叶常常被扔掉，其实也可用来制作煮菜。

4 加入制作酱汁的材料。

将制作酱汁的材料混合后，全部加入锅中。

5 盖上落盖炖煮。

用大火加热，盖上落盖。煮沸后将火调小一点，保持酱汁沸腾的状态继续煮。

6 将鸡肉放回锅中。

当酱汁还剩一半时，将葱叶取出，放回**2**的鸡肉，将所有食材混合均匀并裹满酱汁。

如果担心没煮熟，可以查看芋头的状态。用竹扦能扎透就说明煮熟了。

7 保持酱汁煮沸的状态继续煮。

使酱汁保持有气泡不断涌出的状态，将酱汁煮至浓稠。

可以一直用大火将酱汁煮至浓稠，这样做出的筑前煮味道深厚浓郁，特别下饭。

8 让酱汁裹满食材。

用勺子将酱汁淋在食材上，让食材裹满酱汁。

9 出锅。

酱汁基本煮干就可以出锅了。加入鸡肉后，再煮2分钟左右最理想。盛盘，放入四季豆。

1 准备食材。

将芋头去皮削成六边形（➡p.77），再切成滚刀块。将带皮的牛蒡斜切成薄片。莲藕对半切开后，切成半月形薄片。胡萝卜切成圆片。生香菇去柄。魔芋用勺子切割成一口大小。鸡肉切成一口大小。

2 将蔬菜焯一下。

锅中的水煮沸后，将芋头、牛蒡、胡萝卜、莲藕、生香菇、魔芋用漏勺浸入热水中焯烫30秒，沥干水分后放入另一口锅中。

> 这个操作可以去除蔬菜的涩味和异味，使味道更加清爽。

3 将鸡肉焯一下。

将鸡肉用漏勺浸入**2**的热水中，用筷子将鸡肉分散开，鸡肉发白后捞出。

4 将鸡肉放入冷水中。

将**3**放入冷水中，去掉表面的污垢和浮沫，沥干水分。

5 将食材放入锅中。

在盛放**2**的蔬菜的锅中放入制作酱汁的材料和昆布。

6 开始煮。

用大火加热，盖上落盖。沸腾后将火调小一点，盖上落盖，保持有气泡不断涌出的沸腾状态。

7 撇去浮沫。

不时地打开落盖，撇去浮沫。

8 加入鸡肉。

当酱汁还剩一半时，加入**4**。用筷子将所有食材混合均匀，使鸡肉浸入酱汁中，再次盖上落盖炖煮。

> 芋头煮熟后，就可以加入鸡肉了。

9 鸡肉煮熟后盛盘。

再煮2分钟左右。鸡肉煮熟就可以出锅了。和酱汁一起盛盘，放入荷兰豆。

高汤炖南瓜

南蛮煮南瓜

一种是带高汤的南瓜，一种是煮得热乎绵软的南瓜。
请品尝这2种不同风味的南瓜吧。

煮南瓜2品

日本料理店做的南瓜并没有在家里做的好吃

日本料理店多是用大量的高汤来炖南瓜，南瓜是和高汤一起食用的。事先将南瓜做好，客人来了再重新加热，南瓜与高汤一起食用的味道会很显品质。而家里大多是将南瓜煮到基本没有水分，而且香热绵软的状态。南瓜含有水分并不好吃，说句实话，我觉得后者更好吃，这是在家中才有的美味，做好就能立刻享用。

为了使南瓜受热均匀，要削切南瓜塑形，先切成形状和大小都一致的块状，再削平棱角。请将皮也削掉一部分，削成花绿的样子，不仅好看，也更容易受热。塑形时削掉的皮和肉可以放入炒菜和味噌汤中物尽其用。虽然削去棱角可以防止煮烂，但我是为了美观才这样做的。**因为只有过度炖煮，才会把南瓜煮烂。**

加热南瓜的秘诀

皮和肉的软硬程度不同的南瓜需要的炖煮时间也不相同。**虽然南瓜很难煮熟，但也不能过度炖煮**，否则皮和肉就会分开。加热南瓜的方法非常重要。

用高汤慢慢清炖时，南瓜浸在高汤中，自己会变得柔软，只要煮熟就可以了。如果要在短时间内将南瓜煮至绵软，就不那么容易了。南瓜皮很硬，不容易煮熟，需要用高温持续炖煮，制作的技巧是将南瓜皮向下，整齐地摆放入锅中，不要堆叠，汤汁的高度略低于食材，然后煮到南瓜变熟。汤汁变少后，要仔细观察，**在皮与肉快要分离时**，使南瓜裹满汤汁，这样就做好了！

◆ 高汤炖南瓜

材料（方便制作的分量）

南瓜·······300g

◻ 汤汁 `6:1:0.6`

┌ 小鱼干高汤（→p.11）
│　·······300mL →**6**
│ 味啉·······50mL →**1**
└ 淡口酱油·······30mL →**0.6**
小鱼干（去掉头和内脏）·······5条

◆ 南蛮煮南瓜

材料（方便制作的分量）

南瓜·······300g

◻ 汤汁

┌ 清酒·······150mL
│ 水·······100mL
│ 味啉·······50mL
│ 淡口酱油·······10mL
│ 砂糖·······3大勺
│ 豆瓣酱·······1/2小勺
└ 芝麻油·······1小勺

1 将南瓜切块，去皮。

去掉南瓜的瓤和籽，将南瓜的切面
向下放在砧板上，切成3cm×4cm的
块。为了让每一块南瓜厚度均匀，将
瓜肉削平。瓜皮削花，再用刀将南瓜
块的棱削平。

2 将南瓜浸泡在热水中。

将锅中的水煮沸，将**1**用滤网放入热
水中浸泡1~2分钟，沥干水分。

在热水中浸泡可以去掉南瓜的生味和涩
味，使味道更清爽。

3 将食材放入锅中。

在另一口锅中将**2**和制作汤汁的材料
一起放入。

因为南瓜块会浮起来，所以不必在意摆
放的方式。

4 加入小鱼干，开始炖煮。

加入去掉头和内脏的小鱼干，开始炖
煮。

因为是可以品尝高汤的一道菜，所以加
入小鱼干补充鲜味。

5 继续炖煮。

用大火加热，煮沸后转成小火。保持汤
汁微微沸腾的状态，煮15分钟左右。

煮汁的分量充足，没有必要盖落盖。请
用小火慢炖。

6 出锅。

如果竹扦能轻松地扎透南瓜，就说明
南瓜煮好了。盛盘，倒入汤汁。

煮好的判断标准是南瓜是否熟透。南瓜
是与高汤一起食用的，只要熟透就可以
了。如果过度炖煮，皮和肉就会分开。

主厨之声

比起用柴鱼片和昆布制作的优质高汤，用小鱼干煮出的鲜味更适合南瓜。稍
稍多加一些味啉，调出略甜的味道。

另外，南瓜的皮又厚又硬，直接加热很难
煮熟，过火又会把瓜肉煮烂。因此，要将
皮削花，这样不仅容易煮熟，而且深绿色
与淡绿色相间的外皮也很好看。

1 将南瓜切块，去皮。

去掉南瓜的瓤和籽，将南瓜的切面向下放在砧板上，切成3cm×4cm的块。为了让每一块南瓜厚度均匀，将瓜肉削平。瓜皮削花，再用刀将南瓜块的棱削平。

2 将南瓜放入锅中。

将南瓜的皮向下放入锅中，不要堆叠。

> 请选择能使南瓜平铺在锅底的锅。如果堆叠放置，南瓜的受热就会不均匀。

3 加入制作汤汁的材料。

在锅中加入全部制作汤汁的材料。

4 盖上落盖，开始煮。

盖上落盖，用稍强的中火加热。保持汤汁沸腾的状态。

5 用大火煮。

大约煮不到10分钟汤汁就基本没有了。打开落盖。

> 煮至南瓜的皮和肉快要分开的状态就煮好了。如果皮和肉分开就说明煮过了。

6 裹满汤汁。

晃动煮锅，使水分蒸发，同时使南瓜裹满汤汁。

7 出锅。

等到没有水分，而且南瓜的表面变得绵软时，就可以出锅了。

查看

观察南瓜的皮与肉，煮到快要分开，但是还没有分开的状态是最好吃的！

主厨之声

南瓜无论怎么调味，味道都不会有太大变化，就是淡淡的甜味，所以男性大多不喜欢。但是这道南蛮煮南瓜用豆瓣酱和芝麻油增加了浓郁的味道，基本适合所有人的口味。在汤汁尚未煮干时，加入焯过的牛肉，可以提升南瓜的风味，而且这样更像一道丰盛的菜品。

土豆炖牛肉

土豆炖猪肉

牛肉和猪肉都可以用来制作土豆炖肉。
请享受这2种不同的味道吧。

土豆炖肉2品

用什么肉制作土豆炖肉

在料理中，没有"不这样做不行"的事情。日本地形南北狭长，地域差异明显，在这种差异下产生的饮食文化也十分有趣。土豆炖肉是肉类和土豆搭配在一起的炖煮菜。如果问关西人，他会说土豆炖肉用的是牛肉，而在关东出生的我，从小吃的就是用猪肉做的土豆炖肉。其实不论用哪种肉，都有各自的美味。下面就为大家介绍这2种不同的土豆炖肉。为了体现猪肉和牛肉味道的差别，除了使用的肉类不同，其他的配菜基本相同。

用牛肉制作时，加入了与其味道十分相配的洋葱，因为洋葱的甜味会让盐分稍有些重的汤汁变得适口。最初要用3大勺油烹炒牛肉，不过不用担心油量过多，炖煮时油会浮起来，将油和浮沫一起被撇掉就不会油腻。

肉和土豆的加热要点

在土豆炖肉中，肉和土豆都是主角，所以**肉一定要做得好吃**。虽然牛肉和猪肉的种类不同，但是做得好吃的方法是一样的。先用热水焯烫并使肉片散开，去掉污垢、浮沫、多余的脂肪，然后在根菜煮熟且准备出锅时加入，**再炖煮大约3分钟**。特别是薄肉片一定要焯水。如果直接放入锅中，就会混入异味，使料理味道变得浑浊，而且直接放入汤汁中，肉片会粘在一起，从而导致受热不均匀，也不会好吃。

将土豆煮至绵软，但又不会被夹碎时是最好吃！用筷子夹一夹，就知道是不是能出锅了。煮好后，汤汁浸入土豆内部，口感细腻绵软，这种口感和味道就是土豆的美味所在。

◆ 土豆炖牛肉

材料（方便制作的分量）

牛肉薄片	200g
土豆	100g
胡萝卜	100g
洋葱	1/2个
魔芋丝	100g
四季豆	4根
色拉油	3大勺

⬚ 汤汁 8:1:0.8

水	350mL	➡8
清酒	50mL	
味啉	50mL	➡1
淡口酱油	40mL	➡0.8
砂糖	3大勺	

◆ 土豆炖猪肉

材料（方便制作的分量）

猪肉薄片	200g
土豆	100g
胡萝卜	100g
魔芋丝	100g
大葱的葱叶部分	1根份
荷兰豆	3个

⬚ 汤汁 8:1:0.6

水	350mL	➡8
清酒	50mL	
味啉	50mL	➡1
酱油	30mL	➡0.6
砂糖	2大勺	
酱油	30mL	

1 准备食材。

土豆去皮，切成一口大小。胡萝卜去皮，切成滚刀块。洋葱切成梳子形。魔芋丝切成10cm的长段。牛肉切成一口大小。

2 将牛肉焯水。

煮一锅沸水。将四季豆焯水，控干水分。然后加入一点凉水，降低热水的温度。将**1**的牛肉用滤网放入热水中浸泡一下。表面发白后捞出，用凉水清洗，沥干水分。

3 用油翻炒根菜。

在另一口锅中倒入色拉油，用中火加热。加入**1**的土豆翻炒，表面变得略微透明后，加入胡萝卜翻炒均匀。再加入洋葱翻炒均匀。

4 加入魔芋丝翻炒均匀。

加入魔芋丝不停地翻炒，使表面的水分蒸发，与油混合均匀。

水分充分蒸发后，魔芋中的腥味就不会进入汤汁了。

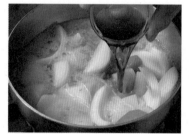

5 加入制作汤汁的材料。

按照顺序加入制作汤汁的调味料，用中火加热。盖上落盖后，用大火炖煮。

6 用大火继续炖煮。

保持有细小的气泡不断从落盖的周围涌出的状态继续炖煮。

7 撇去浮沫。

打开落盖，撇去浮沫和多余的油分。再次盖上落盖。

8 确认土豆是否煮熟。

汤汁还剩一半时，打开落盖，用竹扦扎一下土豆，确认是否煮熟。

土豆煮熟后，基本就煮好了。注意不要将土豆煮烂。

9 加入牛肉，出锅。

土豆煮熟后，将**2**的牛肉铺在锅中盖上落盖，再煮3~5分钟，使牛肉入味。盛盘，撒入斜向切开的四季豆。

土豆炖猪肉的制作方法

1 准备食材。

土豆去皮，切成一口大小。胡萝卜去皮，切成滚刀块。魔芋丝切成10cm的长段。猪肉切成4cm长的段。

2 将根菜和魔芋丝焯一下。

煮一锅沸水。将荷兰豆焯水，沥干水分。将 **1** 的土豆、胡萝卜、魔芋丝用滤网放入热水中浸泡30秒，同时用筷子将食材分散开，然后沥干水分。

3 将猪肉焯水。

将 **1** 的猪肉用滤网浸入 **2** 的热水中，用筷子将猪肉分散开，表面发白后捞出，用凉水清洗，沥干水分。

> 焯水的步骤对于炖煮的肉类料理非常重要。有没有焯水，做好后的味道完全不同。

4 在锅中放入食材。

在另一口锅中放入 **2** 的土豆、胡萝卜、魔芋丝、制作汤汁的材料。

5 盖上落盖炖煮。

在 **4** 的锅中加入大葱的葱叶，用中火加热，盖上落盖炖煮。沸腾后调小火力，保持有气泡不断涌出的状态。

6 确认土豆是否煮熟。

煮15分钟左右，在汤汁还剩一半时，取出葱叶，用竹扦扎一下土豆，确认是否煮熟。

7 加入猪肉，煮3分钟左右。

土豆煮熟后，加入剩余的酱油，将 **3** 的猪肉铺在锅中，盖上落盖，再煮3分钟，使猪肉裹满汤汁。

> 使猪肉裹满汤汁即可，不入味也没有关系。

8 混合均匀后，出锅。

用筷子将所有食材混合均匀，裹满汤汁后盛盘，撒入荷兰豆。

> 将土豆煮至绵软，但又不会被夹碎时是最理想的状态。

与在日本料理餐厅中吃到的一样，
是"以高汤为灵魂"的炖煮料理。

高汤炖芋头

下面教大家用日本餐厅的煮法将芋头煮出高级的味道。与搭配白米饭相比，它更适合作为下清酒菜。

在这道料理中，**高汤的美味为芋头增色不少**。芋头中充满了高汤清爽的鲜味，和高汤一起吃，更能品尝到这份美味。先将芋头焯水，去掉表面的黏液等杂质。焯水的时候加入米糠可以使芋头的口感更蓬松。去皮时要去得厚一些，把贴着表皮的纤维也去掉，芋头的味道会更软糯。

需要注意的是，**芋头焯水后，不要放入凉水中**，否则随着温度降低，芋头会吸收水分，从而变得软塌。炖煮时，使锅内温度保持在80~90℃，绝对不能煮沸。用沸水炖煮不仅会把芋头煮烂，高汤也会变浑浊。

材料（2人份）

芋头·······················8个

⊙ 汤汁 约8:1:0.4

一次高汤（➡p.11）··· 500mL ➡约8
味啉·················· 60mL ➡1
淡口酱油·············· 25mL ➡0.4
柴鱼片·················· 5g
四季豆·················4根
柚子·················1/6个
米糠·················适量

准备

◉ 四季豆焯水备用。

◉ 切下柚子的皮，切成极细的丝。

1 切掉芋头的两端。

将芋头上的泥洗干净，用厨房用纸擦干水分，切掉两端。

2 开始削皮。

拿住芋头的两端，用刀刃从上向下沿着芋头的形状削皮，一刀削下的宽度约占芋头侧面周长的1/6。

3 将侧面削成六个面。

削掉一边后，旁边的皮也用相同的方法削掉，重复这个操作，直至将侧面的皮削干净，这样就会把侧面削出漂亮的6个面。

4 在焯水用的水中加入米糠。

在锅中放入足量的水和米糠。

> 加入米糠可以去掉芋头的黏液和涩味。用淘米水也可以，但是更推荐使用米糠，因为米糠中的酵素会使芋头更美味。

5 将芋头焯水。

放入芋头，用中火加热，保持煮沸的状态。

6 煮到芋头变软。

取出芋头，用竹扦扎一下，变软后即可捞出。

7 再次焯水，去掉米糠。

更换锅中的水并加热，再次将**6**焯水，去掉米糠，用滤网捞出。

> 焯水后，不能用清水冲洗，因为随着温度降低，芋头会吸收水分，从而使口感变得软塌。

8 准备追加柴鱼片。

将柴鱼片用纱布等包起来，准备追加柴鱼片。在另一口锅中混合制作汤汁的材料，放入**7**和柴鱼片。

> 因为想用浓郁鲜香的高汤来提升芋头的味道，所以虽然使用了高汤，但是还要再次添加柴鱼片提味。

9 静静地炖煮。

用中火加热，煮沸后转成小火，使锅里的温度保持在80～90℃（不时冒出气泡），煮15～20分钟，使芋头入味。将芋头和汤汁一起盛盘。将四季豆在剩余的汤汁中浸泡一下，放入盘中，撒上柚子皮丝。

鱿鱼的触须和身体分别在不同的时间放入锅中炖煮，
就能满足它们不同的火候需求。

芋头煮鱿鱼

　　芋头中浸满了鱿鱼的浓郁鲜甜，非常下饭，是家中必不可少的一道菜品。但是，大家有没有做出过口感像橡胶一样硬的鱿鱼呢？这无疑是因为煮过了。**鱿鱼的身体很快就能煮熟，煮过火就不好吃了**。在出锅前将身体的部分煮1~2分钟，煮熟后立刻关火，便会口感柔软，又甜又鲜，鱿鱼本来的味道也会非常浓郁。

　　鱿鱼触须在这里发挥了"鲜味素"的作用，所以从最开始便要和芋头一起炖煮。约煮20分钟后，触须中浓郁的甜味和鲜味便会转移至汤汁中，整道菜都会变得十分美味。**所以制作这道料理的汤汁时，不需要加入高汤**，用清水就能浸润出鱿鱼的纯正美味。保留芋头的黏液，激发出其天然的味道，这正是家庭料理才有的美味。

材料（2人份）

鱿鱼·······························1条
芋头·······························8个
荷兰豆······························4个

🌀 汤汁 11:1

水··························· 300mL ➡11
清酒························· 30mL
酱油························· 30mL ➡1
砂糖························· 2½大勺
大葱的葱叶部分················1根份

准备

◉在盆中准备冰水。

◉将四季豆焯水。

1 先将芋头焯水。

仔细清洗芋头，将泥洗掉，用刀在皮上划出浅浅的刀口。在锅中煮沸足量的水，放入芋头，用较弱的中火加热，焯3～5分钟。

2 将皮擦掉。

沥干水分，将芋头放入凉水中。用揉搓过的铝箔纸擦掉芋头的皮。

3 将鱿鱼的身体焯水。

将鱿鱼的触须和内脏一起拔出，再从连接处将二者切分开（➡p.90）。将锅中的水加热至80℃左右，放入鱿鱼的身体，浸泡到发白。捞出后放入冰水中。

4 将鱿鱼触须焯水，放入冰水中。

将鱿鱼触须放入**3**的锅中，浸泡到发白。捞出后放入冰水中，用手摩擦鱿鱼的身体和触须的表面，去掉黏液，沥干水分。

5 切分身体和触须。

将尾部从身体上切下，再将身体的部分切成2cm宽的圆圈。将触须每2～3条为一组切分开。

6 盖上落盖炖煮。

在另一口锅中放入**2**和**5**的触须、制作汤汁的材料、大葱的葱叶。盖上落盖，用大火加热，煮沸后转成较弱的中火，保持煮沸的状态。

7 确认芋头是否煮熟。

煮20分钟左右后，汤汁会略少于一半。当锅中冒出细小的气泡后，用竹扦扎一下芋头，看看是否能轻松扎透。

> 芋头煮熟就基本完成了。因为鱿鱼的身体很快就能煮熟，所以要在这里先将芋头煮熟。

8 加入鱿鱼的身体。

竹扦能轻松扎入芋头后，夹出大葱的葱叶，加入鱿鱼的身体。

> 将鱿鱼的身体放入芋头之间的空隙里，不仅受热会更均匀，味道也会更均匀。

9 盖上落盖，炖煮1～2分钟。

盖上落盖，用中火加热，保持汤汁煮沸的状态，煮1～2分钟，让鱿鱼的身体吸收汤汁。盛盘，放上荷兰豆。

> 在不同的时间分别加入鱿鱼的触须和身体，不仅能使触须的鲜味充分渗入汤汁中，身体的口感也会更柔软。

你吃过真正好吃的什锦锅吗？
好吃的秘诀是不长时间炖煮食材，不吃完不添加新的食材。

什锦锅

最好将食材分多次加入锅中

　　蒸腾着热气的什锦锅总是最诱人的。但是，大家吃到的每一种食材都真的美味吗？吃到最后还好吃吗？尤其是几种食材在一起煮的什锦锅，煮到最后有可能都分不清楚吃的是什么了吧？

　　下面就将美味的秘诀教给大家。请将什锦锅的食材分多次加入锅中炖煮。**先加入几种食材，煮好吃完后，再加入其他食材。**煮熟后，**立刻把刚煮好的吃掉。**因为没有过度炖煮，所以鱼贝类食材的口感非常柔嫩，而且充满了鲜味。如果一直不停地放入食材，食材就会剩在锅中，而且把不同时间放入的食材混在一起，也不容易掌握火候。

汤汁清爽又纯净

　　制作什锦锅时，**汤汁中不用加入高汤，使用清水即可。**因为从食材中析出的鲜味就足以使汤汁美味了，如果再使用高汤，鲜味就会过强，反而会削弱食材的味道。此外，食材的组合也很重要。我发现将鱼贝的鲜味（肌苷酸）和蔬菜的鲜味（谷氨酸）组合在一起，就会有1＋1＞2的效果，这叫做"鲜味的叠加效应"，这种效应会使汤汁变得非常鲜美。汤汁中水、淡口酱油、味啉的比例为15：1：0.5（右侧食材表中将水和味啉调整为了方便计量的分量）。以前味啉和酱油的用量是相同的，但是现在食材的品质在不断提高，调味不必很浓，将味啉减半即可。

　　此外，炖煮时不用盖落盖，在加热过程中，食材的异味会随着味啉中的酒精一起挥发掉，料理的味道也会随之变得清爽，而且汤汁到最后都会保持纯净美味。建议在最后放入乌冬面或米饭，把什锦锅全部吃完。

材料（2人份）

蛤蜊	4个
金目鲷鱼块（50g）	4块
虾	4只
白菜	4大片
大葱	4根3～4cm长的段
茼蒿	1/2把
生香菇	4朵
南豆腐	1/2块

汤汁 约15：1：约0.5

水	1000mL	➡约15
淡口酱油	70mL	➡1
味啉	30mL	➡约0.5
昆布	1片边长10cm的方形	

1 蛤蜊去沙，洗净。

将蛤蜊放入浓度为1.5%~2%（1L清水中溶解15~20g盐）的盐水中，盖上盖子，在安静的地方放置30分钟，使蛤蜊吐出沙子。然后用清水洗净，再在清水中浸泡2~3分钟。

2 在金目鲷上撒盐，腌渍20分钟。

在平盘中撒盐，放上金目鲷，再给向上的一面鱼肉撒上盐，腌渍20分钟。

因为之后还要过热水，所以不必担心盐的用量过多。

3 将金目鲷焯水，再放入冷水中。

准备80℃左右的热水，将**2**用漏勺浸入热水中。发白后捞出，放入冷水中，洗净表面的污垢。

给鱼焯水后，汤汁就不会变混浊，吃到最后也是清澈的。

4 将白菜片开。

将白菜叶与白菜杆切开，用刀斜向将白菜杆片成片。

白菜杆不容易煮熟。斜向入刀，将白菜杆片成薄片，表面积增加就容易煮熟了。

5 准备食材，盛盘。

将虾的尾尖斜向切掉。在大葱的表面斜向划上切口（➡p.49）。将茼蒿切分成适当的长段。生香菇去柄，豆腐切成4等份。全部盛入大盘中。

6 准备汤汁。

在砂锅中倒入水、淡口酱油、味醂，加入昆布。

7 加入第一次的食材。

在汤汁中分别加入一半的金目鲷、蛤蜊、豆腐、生香菇、大葱，用中火加热。

第1次加入的是什锦锅的主角——金目鲷和蛤蜊，先使鱼贝类的鲜味渗入汤汁中。

8 浮沫凝固后，将其撇去。

煮沸后，蛤蜊会产生泡沫，用勺子撇掉。

9 蛤蜊开口后即可食用。

保持轻微煮沸的状态，蛤蜊开口后，将其舀入碗中。

蛤蜊开口时，金目鲷也刚好煮熟。只要不过度炖煮，不论是蛤蜊还是鱼肉，都会软嫩多汁。

10 搭配在汤汁中烫过的茼蒿。

将锅中的全部食材舀出，平均分配到两个碗中。将一半的茼蒿浸泡在汤汁中，稍稍煮软后，也分到2个碗中。关火，以免汤汁煮浓。

> 请品尝一下汤汁。鱼贝的鲜味和蔬菜的鲜味通过叠加效应会变得非常美味。谁都不会想到鲜味这么丰富的高汤只是用清水和简单的调味料做出来的。

11 加入第二次的食材。

在**10**的锅中加入一半的虾和白菜，以及剩余的大葱和豆腐，用小火加热。

12 虾煮熟后即可食用。

煮5分钟左右，虾的颜色变红就煮熟了，煮到这个时候的虾最好吃。

13 舀入碗中食用。

将锅中的食材全部舀入碗中，再次关火。

14 加入第三次的食材。

在**13**的锅中放入除茼蒿外的所有剩余食材，用中火加热。

15 加入茼蒿。

蛤蜊开口后，加入茼蒿，煮软后平均分配到碗中。

主厨之声

烤过的卷心菜鲜味被浓缩起来，用来制作什锦锅，也会非常美味。将食材吃完后，加入乌冬面或米饭煮一下，就变成了高级主食。汤汁中充满了鱼贝和蔬菜的鲜味，请把美味的高汤全部吃完吧。

真正好吃的醋腌菜品是"不腌"。

醋腌鲹鱼

你吃过鱼肉表面雪白、肉质缺少水分、吃一口强烈的酸味就充斥口腔的醋腌鲹鱼吗?

在没有冰箱的年代,为了方便保存,要长时间将鲹鱼浸泡在醋中,醋腌鲹鱼的名字也由此而来。现在请不要再用这种方法制作了。为什么呢? **因为对于新鲜的鲹鱼,绝对是不腌更好吃。**表面呈淡淡的银白色,切开后中间是生的,这样才能充分品尝到鲹鱼清爽的鲜味。醋腌的目的就是用醋的酸味中和油脂含量多的鱼肉的油腻感,做出清爽的口感。

将鲹鱼用三枚卸(➡p.90)切分为上、中、下三块后,只需30分钟就可以做好这道菜了。建议大家在即将要吃的时候再开始制作,绝对会更美味!如果要招待客人,最好给鲹鱼撒上一层薄薄的盐,再放入冰箱中冷藏,客人到来后只需要用醋腌渍就可以了。下面还将介绍2种黄瓜的待客切法,也可以根据喜好将其他食材做成待客的样式。

材料（2人份）	
鲹鱼	2条（150g）
盐	4.5g（鲹鱼分量的3%）
醋	适量
黄瓜	1/2根
菊花	适量
姜	1块
土佐醋（➡p.99）	1大勺

准备

◉ 将黄瓜切成蓑衣黄瓜（➡p.85）

◉ 摘下菊花的花瓣,焯水后沥干水分。

◉ 姜先切成薄片,再切成极细的丝。

在精美的待客日本料理中，最想让大家掌握的就是生鱼片。
稍稍花点功夫就能体现出季节感，而且客人也会非常喜欢。

1 将鲹鱼切成上、中、下三块。

去除鲹鱼的头和内脏，用清水洗净后，切成上、中、下三块。

2 给鲹鱼的两面都撒上盐。

在平盘中撒上盐，将 **1** 的鲹鱼整齐地摆入平盘中，不要堆叠，再在朝上的一面鱼上撒盐，腌渍20分钟。用清水洗净后，再用厨房用纸擦干水分。

3 用醋腌渍。

另取1个平盘，整齐地放入 **2**，倒入刚刚没过鲹鱼的醋，用醋腌渍5分钟左右。

> 如果想减少醋的使用量，可以使用一半的醋，然后盖上厨房用纸，使鱼肉都能浸泡在醋中。

4 拔掉中骨后，切成薄块。

将鲹鱼捞出后，沥干水，放在砧板上，用夹子拔出中骨。用手指摩擦鱼肉表面，更容易发现鱼骨。翻面，从头部向尾部剥掉鱼皮。将鲹鱼切成薄块，然后在鱼皮一侧划上几条切口。将鲹鱼、蓑衣黄瓜盛盘，放上菊花、姜丝，淋入土佐醋。

> 如果将中骨取出后再用醋腌渍，醋就会渗入鱼肉中，所以请在腌渍后拔出。

黄瓜的待客切法

黄瓜颜色漂亮，口感又好，轻松就能做成美观的待客菜。蓑衣黄瓜口感清脆、外形柔软，用来醋腌非常方便。也请记住将黄瓜削成薄片的方法，淡绿色的外皮十分好看。

蓑衣黄瓜

制作方法

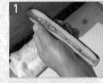

1 将黄瓜皮纵向间隔着削掉4条，撒上盐后，放在砧板上滚动揉搓。

2 将锅中的水煮沸，放入黄瓜快速浸泡一下，颜色会更鲜艳。

3 将黄瓜放在两根筷子中间，斜向入刀，像切片一样给黄瓜切上小口，切到筷子处即停。翻面，给另一面切上同样的刀口。

4 在盐水（盐分浓度为1.5%）中放入边长3cm的方形昆布，将 **3** 浸入盐水中，使其变软。

黄瓜削薄片

制作方法

1 将黄瓜切成5cm长的段，削掉绿色的外皮。用左手拿住黄瓜，一边转动，一边上下移动右手的刀。

2 将黄瓜削成薄片，直至中心的瓜瓤部分。在盐水（盐分浓度为1.5%）中放入昆布，将黄瓜卷起来放入盐水中，浸泡至变软。

不能腌渍超过 2 小时，否则昆布的异味会沾到鱼肉上。

昆布腌鲽鱼

　　用昆布腌食材与醋腌一样，都被大家误认为"越腌越好吃"。用昆布腌渍食材是一种为白身鱼、青花鱼、鲹鱼等鱼类增加昆布的优质鲜味的手法，也可以使用便宜的昆布。因为只是为了转移鲜味，**所以把鱼肉夹在昆布中2小时即可**。如果时间再久，鱼肉就会沾上昆布的异味，这样反而破坏了食材的美味。极端地说，用昆布腌食材并不应该吃出昆布的味道，所以，从前一天就开始腌的方法是完全不对的。**请在吃的当天制作。**

　　用昆布腌渍前，将鱼用醋清洗一下，去除腥味。只需要将鱼的两面在醋里过一下即可。如果长时间浸泡，鱼肉就会变松而且发干。醋挥发后，鲜味会保留下来，醋的美味会让生鱼片的味道更正宗。

材料（2人份）

鲽鱼的上身	1块
盐	适量
醋	适量
昆布	
…2片10cm×20cm的长方形	
酸橘（切薄片）	1/2个份
茼蒿	1根
调味醋（➡p.98）	2大勺

准备

◎ 将茼蒿焯水后挤干水分，切成易于食用的大小。

1 撒盐入味。

在平盘中撒一层盐，放上鲽鱼，再给朝上的一面鱼肉撒上盐，腌渍20分钟。

均匀撒上薄薄的一层盐即可。之后还要用醋清洗，可以去掉多余的盐分。

2 在醋中过一下。

将鱼的一面蘸上醋后，马上翻面，两面都在醋中过一下。这叫做"醋洗"。

不要浸泡，表面在醋中过一下即可。

3 将醋擦干净。

将**2**放在布上或厨房用纸上，轻轻按压，将醋擦干净。

鱼肉会带一点淡淡的醋香，这会使清淡的白身鱼的味道更加深厚。

4 擦拭昆布。

用干布或厨房用纸将昆布表面的污垢擦去。

擦去污垢的同时，还能让鱼肉和昆布贴得更紧密。

5 将鱼放在昆布上。

将2片昆布重叠在一起。将**3**放在靠近昆布外侧的部位。

6 将鱼肉用昆布夹起来。

将内侧的昆布盖在鲽鱼上。

7 用保鲜膜包裹。

用保鲜膜紧紧地将昆布包裹起来。

8 放上重物。

用2个平盘将昆布夹起来，在上面轻轻放上重物，这样放置2小时。

9 腌渍结束。

腌渍完成后，鱼肉会稍稍变白并呈现出光泽感。取出鱼肉，用刀将鱼肉切成薄片，与酸橘交替放入盘中。放上茼蒿，淋入调味醋。

鱿鱼的造型方法 春夏秋冬

春

千草拌鸣门鱿鱼

德岛的鸣门是有名的漩涡观赏地，卷成漩涡形状的鱿鱼也因此被命名为"鸣门"。将鱿鱼和海苔卷起来，简单地模仿出漩涡的样子。千草是对多种香味蔬菜组合的称呼，这种组合使用的方法多用于芳草丛生的春季。

材料（2人份）

鱿鱼的身体	1/2条
大片海苔	1片
葱苗	1把
大葱	2根4cm长的段
红蓼芽	适量
芹菜叶	适量

制作方法

1 剥去鱿鱼身体上的薄皮，洗净后，用厨房用纸擦干水分。纵向每间隔2mm垂直下刀，划上切口。

2 将锅中的水加热至70℃左右，将**1**用滤网放入热水中浸泡15秒左右。捞出放入凉水中，然后用厨房用纸擦干。将切口向上放在大片海苔上，卷起来后切成1cm宽的段。

3 将葱苗切成一样的长度，将大葱切成细葱丝，过水后沥干水分。与红蓼芽、芹菜叶放在一起，做成千草，充分沥干水分。

4 将**2**盛盘，再将千草蓬松地放在上面。

夏

凉拌唐草鱿鱼

鱿鱼在温度偏低的热水中过水后，口感会比生吃更加柔滑，甜味也有所增加。将切口展开，就变成了美丽的唐草纹的形状。用夏季的调味料绿紫苏凉拌，吃起来非常清爽。

材料（2人份）

鱿鱼的身体	1/2条
绿紫苏	5片

制作方法

1 剥去鱿鱼身体上的薄皮，洗净后，用厨房用纸擦干水分。纵向切成5cm宽后，再切成12cm长。从鱿鱼一半厚的位置横向入刀，切入四五个刀口，注意不要完全切断。然后垂直于刀口，纵向将鱿鱼切分成3~5mm宽的段。

2 将锅中的炎加热至70℃左右，将**1**用滤网放入热水中浸泡10秒左右。捞出放入凉水中，然后用厨房用纸擦干水分。

3 将绿紫苏切成较宽的丝。

4 将**2**和**3**倒入大碗中，拌匀后盛盘。

在日本料理中，即使使用相同的主要食材，只要变换设计或调味，就能打造出不同的季节感。从料理的名字中，也能体会到料理蕴含的风情，这也是日本料理的魅力之一。下面就用鱿鱼的不同造型展现春夏秋冬的变化。吃的时候，请根据喜好搭配酱油和芥末。

秋

柚香凉拌松果鱿鱼

给鱿鱼切上格子状的花纹，过热水后切口全部张开，外形就会变得像松果一样，因此得名"松果鱿鱼"。这时需要注意，热水的温度要低。生吃却不全生，鲜甜的味道才会陡然增加。用柚子的香气和菊花表达浓浓的秋意。

材料（2人份）

鱿鱼的身体···············1/2条
青柚子·················1/2个
酸橘（切薄片）········1/2个
鸭儿芹··················2根
菊花···················适量

制作方法

1 将鸭儿芹的茎焯水，挤出水分后，切成3~4cm长的段。摘下菊花的花瓣，在加入醋的热水中焯一下，再挤干水分。

2 剥去鱿鱼身体上的薄皮，洗净后，用厨房用纸擦干水分。纵向切成4cm宽后，在鱿鱼皮的一侧斜向入刀，切上斜向的格子状花纹。再切分成边长2~3cm的块。

3 将锅中的水加热至70℃左右，将**2**用滤网放入热水中浸泡10秒左右。捞出放入凉水中，然后用厨房用纸擦干水分。

4 用擦丝器将青柚子擦入**3**中。

5 将**4**和酸橘盛盘，放上焯好的鸭儿芹和菊花。

冬

老翁凉拌鱿鱼

像白发一样的昆布碎使鱿鱼看起来像白头老翁一样，这道料理也因此得名。只要花费一点点功夫，就能在家中制作出这道精致的菜品，作为待客菜也非常得体。将昆布碎翻炒散开，与芝麻混合后，就能撒在鱿鱼上了。

材料（2人份）

鱿鱼的身体···············1/2条
昆布碎··················5g
芥末···················适量

制作方法

1 剥去鱿鱼身体上的薄皮，洗净后，用厨房用纸擦干水分。纵向切成6cm宽后，横向放置，切成细段。

2 将锅中的水加热至70℃左右，将**1**用滤网放入热水中浸泡10秒左右。捞出放入凉水中，然后用厨房用纸擦干水分。

3 将昆布碎放入煎锅中，用小火翻炒，冷却，然后用手揉成粉末状。和**2**拌匀后盛盘，放上芥末。

这是一种将食材纵向切细的切法，常用于肉质较薄的鱼贝类。

鱼贝的处理方法

三枚卸的切法

三枚卸是鱼类的基础分解方法。因将鱼分切成上下身和中骨3部分而得名。下面就用马鲛鱼进行示范。

去除棱鳞。

将鱼头向左放置，横向入刀，从鱼尾切向鱼头的方向，去掉棱鳞。背面也进行相同的操作。

> 棱鳞是马鲛鱼特有的坚硬的鳞片，其他鱼类无需这一操作。

去鳞。

用刀尖在鱼身表面从鱼尾向鱼头轻轻地刮，去除鱼鳞。背面也进行相同的操作。

切掉鱼头。

将刀稍稍倾斜，左手捏住胸鳍，在胸鳍的边缘入刀，顺势将头切下。

取出内脏。

将鱼尾靠近自己，鱼腹向右放置。将腹鳍到腹部的部分切掉。用刀尖掏出内脏。

清洗腹部，擦干水分。

用牙刷温柔地摩擦腹部，将血水和血块清洗干净。再用流水快速冲洗，用厨房用纸将鱼皮和鱼腹中的水分擦干净。

从中骨处分切上身。

将鱼尾靠近自己，纵向放置鱼身。从鱼腹处的中骨上方横向入刀，刀身贴在鱼骨上，切几次直至切到中骨为止。

切下上身。

用左手将鱼的上身打开，立起刀在中骨上划一下。然后再次横向入刀，从鱼背一侧的骨头切入，切下上身。

切下下身。

翻面，将鱼头的一侧靠近自己放置，用和 6 ～ 7 相同的方法切下下身和中骨。

鱿鱼内脏的拔除方法

鱿鱼是由尾部、身体、内脏、触须组成的，各部分的用处也各不相同。下面介绍鱿鱼的分解方法。

将内脏和触须从身体中拉出。

左手握住鱿鱼，右手的食指沿着身体插入。在大约中间的位置将连接内脏和身体的根部拉断。

拔出内脏。

将根部完全拉断后，温柔地握住内脏，轻轻拔出。如果握得太用力，包裹内脏的膜可能破损。

分离内脏和触须。

将 2 拔出的部分放在砧板上，用刀将内脏和触须的连接处切断，这样就将鱿鱼分成了带有尾部的身体、触须和内脏3部分。

第三章

小碟和副菜

副菜、小碟是可以变换主菜口味的小菜。

大多使用应季的蔬菜，

能为餐桌增加一抹季节感，

能吃到主菜中没有的蔬菜或海藻也会十分令人开心。

本章还将介绍各种用刺身制作的料理，

用它们自信地招待客人吧。

酱油浸煮茄子和菠菜

酱油浸小松菜

小松菜适合用80℃的热水焯烫，
而菠菜要用100℃的沸水。你知道这个差别吗？

酱油浸小松菜
酱油浸煮茄子和菠菜

酱油浸和浸煮的区别

　　酱油浸是一种同时食用冰凉清脆的蔬菜与酱油浸酱汁的料理，味道清爽美味，只使用1种蔬菜制作也可以。而酱油浸煮则是将蔬菜、笋等多种食材一起炖煮的料理，先使每种食材的鲜味都渗入汤汁中，再将蔬菜浸泡在鲜味丰富的汤汁中吸收美味。由于在加热的状态下，蔬菜更容易吸收汤汁入味，所以浸煮酱汁的味道要比酱油浸酱汁的味道清淡，这是二者之间很大的不同。具体来说，酱油浸酱汁中高汤、酱油、清酒的比例为5：1：0.5，浸煮酱汁中的味啉和酱油浸酱汁中的清酒分量相同，高汤占的比例却为10，也就是多了一倍。

小松菜和菠菜的焯水方法不同

　　希望大家注意的是，不论是小松菜还是菠菜，都需要在焯水前充分吸收水分，使口感更加清脆。**叶子水嫩便能快速煮熟，所以焯水时间也就缩短了**，因为热量是通过食材中的水分进入食材的，如果水分充足，热传导就会更快。同理，如果食材干燥，就很不容易煮熟，也容易炖煮过度。

　　大家是将所有蔬菜都放在开水中焯水吗？菠菜可以这样做，但是**小松菜用80℃的热水，食材的风味才会更浓郁**。特别是在制作酱油浸小松菜时，焯水的火候决定了味道，一定要试一试。像小松菜一样的油菜花科的植物还有白萝卜、芜菁、菜花、西蓝花、圆白菜、青梗菜、油菜花等，用80℃的温度焯水，中心温度能达到50℃左右，此时这类食材会析出特有的微辣和香味，变得非常美味。

◆ 酱油浸小松菜

材料（2人份）

小松菜·····················1/4把

◉ 酱油浸酱汁 `5：1：0.5`

┌ 一次高汤（➡p.11）···200mL ➡**5**
│ 酱油·····················40mL ➡**1**
│ 清酒·····················20mL ➡**0.5**
└ 柴鱼片·····················2g

◆ 酱油浸煮茄子和菠菜

材料（2人份）

茄子·····················1个
菠菜·····················1/4把
生香菇·····················2朵

◉ 浸煮酱汁 `10：1：0.5`

┌ 一次高汤（➡p.11）　200mL ➡**10**
│ 淡口酱油·············20mL ➡**1**
└ 味啉·····················10mL ➡**0.5**
油炸用油·····················适量

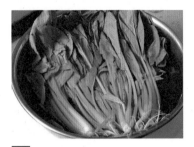

1 将小松菜浸入水中。

在盆中倒满清水，将小松菜的茎浸入水中，使其恢复水嫩的状态。

2 制作酱油浸的酱汁。

在锅中放入制作酱汁的材料，用小火加热，煮沸即可。盛出冷却。

加入柴鱼片补充鲜味，在加热的过程中，柴鱼片最容易析出鲜味。

3 准备 80℃的热水。

将锅中1L的水煮沸，加入3～4块冰块，这样大约就会变成80℃。

4 首先从茎开始焯水。

将小松菜的根部和茎部先放入**3**的热水中，浸泡2分钟左右。

5 给叶子焯水。

叶子也浸入热水中，再浸泡3分钟左右。

6 用冷水固色。

将小松菜捞出放入冷水中，冷却后充分挤干水分。切成5cm长的段。

7 浸入酱汁中。

将**6**放入**2**中浸泡15分钟左右，充分入味后盛盘。

1 将菠菜浸入水中。

在盆中倒满清水，将菠菜的茎浸入水中，使其恢复水嫩的状态。

> 叶子中水分含量充足，就能更好地传导热量，这样很快就能焯好。菠菜焯烫的时间过久，就会变得苦涩，因此浸泡的步骤一定不能省略。

2 将茄子油炸后去油。

将茄子切掉头尾，对半切开后，每半再纵切成3等份。将油炸用油加热到170℃，放入茄子炸至金黄，捞出放入滤网中。将锅中的水煮沸，舀起来慢慢淋在茄子上，洗去油分。将生香菇的柄切掉后，切成薄片。

3 将菠菜焯水。

将**1**的茎先放入煮好的热水中，浸泡约20秒。茎变软后，浸入叶子，再浸泡约20秒。捞出放入凉水中，挤干水分，切成4cm长的段。

> 将焯水时间控制在1分钟以内，否则菠菜中草酸的涩味就会显现出来。

4 开始炖煮。

在锅中放入制作酱汁的材料。将**2**的茄子和生香菇放入锅中，用中火加热。

5 加入菠菜。

煮沸汤汁，生香菇煮熟后加入**3**。

6 浸泡在汤汁中。

香菇煮熟后立刻关火，浸泡10分钟，然后盛盘。

> 因为不想将菠菜炖煮过度，所以在茄子和香菇煮熟，而且鲜味析出后，再加入菠菜并马上关火。

主厨之声

这里使用油炸茄子是为了给料理添加一些油脂的浓郁味道，也可以使用油豆腐。将油豆腐用热水去油后，切成细丝，大豆的鲜味就会转移至汤汁中。

改变调味料的配比，
可以变换出不同的菜式。

醋拌凉菜

　　醋拌凉菜是副菜的代表，它吃起来味道清爽，最适合帮助主菜变换口味。醋拌凉菜中凉拌醋的基础是**味道爽口的二杯醋和鲜味浓郁的三杯醋**。请先掌握这两种醋的调配方法，在此基础上的变化十分丰富，能做出的料理也非常多。

　　使用谷物醋制作醋拌凉菜就足够了。米醋的香味过强，特等的醋鲜味过强，而醋拌凉菜只是利用醋的酸味激发出食材的美味，因此无需使用特别的醋。

　　更重要的是，**要将醋轻微加热，让强烈的醋味挥发后再使用**。这样即使不喜欢醋拌凉菜的人也能吃得很开心。如果醋的用量较少，也可以使用微波炉。此外，醋味挥发后，酿造醋特有的鲜味会突显出来，菜品的味道会更加醇厚。

凉拌醋的变化

两杯醋

没有甜味，可在为食材增加清爽的味道时使用。味道较强，以前还被当作蘸食酱汁使用。

1 ： 1
醋　　酱油

三杯醋

用甜味增加鲜度，在食材的鲜味较淡时使用。以前也被当作蘸食酱汁使用。

1 ： 1 ： 1
醋　　酱油　　味啉
　　　　　　（或砂糖）

调味醋

用高汤稀释，直接喝也很美味。在食材与调味汁一起吃的时候使用。

7 ： 1 ： 1 + 追加柴鱼片
一次高汤　醋　淡口酱油

醋浸汁

与调味醋的使用方法相同。比调味醋酸味强，可在想让食材吃起来更清爽时使用。

5 ： 1 ： 1 + 追加柴鱼片
一次高汤　醋　淡口酱油

土佐醋

醋的用量增加，将三杯醋变形，用高汤增加鲜味。直接喝也很美味。

3 ： 2 ： 1 ： 1
一次高汤　醋　酱油　味啉

南蛮醋

土佐醋的变形。用高汤或砂糖提鲜，酸味也更强，是一种南蛮渍酱汁。

7 ： 3 ： 1 ： 1 ： 略少于0.5
一次高汤　醋　淡口酱油　味啉　砂糖

芝麻醋

在土佐醋中加入白芝麻即可。将白芝麻粗磨，再与土佐醋混合制作而成。可搭配蒸鸡肉或淋在烫过的猪肉上。

土佐醋 30mL
+
白芝麻 15g

绿醋

由土佐醋和黄瓜泥混合而成。可淋在醋腌鱼肉上或烫过的鱿鱼上。

土佐醋 30mL
+
黄瓜泥 1 根份

霙醋

由土佐醋和白萝卜泥混合而成。可淋在烫过的牛肉上。

土佐醋 30mL
+
白萝卜泥 30g

醋拌章鱼和裙带菜

材料（2人份）

焯水章鱼·················· 6片

裙带菜（泡发）········ 40g

黄瓜···················· 1/3根

◎ 两杯醋 `1:1`

┌ 醋···················· 30mL ➡1

└ 酱油················· 30mL ➡1

姜（切成姜丝）········ 适量

盐······················ 适量

制作方法

1 在碗中制作浓度为1.5%的盐水（200mL水中溶解3g盐）。将黄瓜切成小圆片，浸入盐水中，使黄瓜变软。

2 将裙带菜切成5cm长的段。

3 在小锅中混合制作两杯醋的材料，用中火加热或用微波炉煮至微沸，冷却。

4 挤干**1**的水分，分多次盛入小碟中，将**2**也盛入小碟中，每次都淋入1~2大勺两杯醋，放上姜丝。

两杯醋的变化

使用调味醋
醋拌海蕴

材料（2人份）

海蕴········ 100g

姜（切成姜丝）

········ 适量

大和山芋······ 10g

◎ 调味醋 `7:1:1`

┌ 一次高汤（➡p.11）

│ ··············· 100mL ➡7

│ 醋··············· 15mL ➡1

│ 淡口酱油······ 15mL ➡1

└ 柴鱼片··············· 适量

制作方法

1 将锅中的水煮沸，将清理过的海蕴用滤网在热水中过一下，捞出放入冷水中，沥干水分。大和山芋磨成泥。

2 在小锅中放入制作调味醋的材料，用中火加热，煮沸后盛出，隔冷水降温。

3 将**1**的海蕴切成易于食用的大小，在调味醋中浸泡10分钟左右。将海蕴与适量的调味醋一起盛盘，放上姜丝和大和山芋。

使用醋浸汁
醋拌寒天

材料（2人份）

寒天·········· 300g

姜泥·········· 适量

茗荷·········· 1/2根

绿紫苏········ 4片

◎ 醋浸汁 `5:1:1`

┌ 一次高汤（➡p.11）

│ ··············· 150mL ➡5

│ 醋··············· 30mL ➡1

│ 淡口酱油······ 30mL ➡1

└ 柴鱼片··············· 2g

制作方法

1 在锅中放入制作醋浸汁的材料，用中火加热，煮沸后盛出，用冷水降温。

2 将茗荷和紫苏切成细丝。

3 沥干寒天的水分，盛盘，适当多放一些醋浸汁，放上**2**和姜泥。

使用三杯醋

姜泥醋淋大虾

材料（2人份）

虾	4只
豆腐	1/6块
蓑衣黄瓜（➡p.85）	1/2根
盐	适量
姜泥	适量

❑三杯醋 `1:1:1`

醋	30mL	➡1
酱油	30mL	➡1
味啉	30mL	➡1

制作方法

1 将三杯醋的材料倒入小锅中，用中火加热，煮沸后关火，冷却。

2 将虾在70℃的热水中煮5分钟，去壳。

3 将切好的豆腐、**2**、切成一口大小的蓑衣黄瓜盛盘，每加入一种食材就淋入2～3大勺三杯醋，放上姜泥。

三杯醋的变化

使用土佐醋
黄瓜蟹棒卷

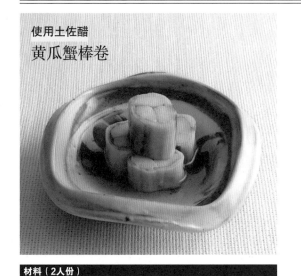

材料（2人份）

蟹棒	6根

黄瓜
　…2根5cm长的段
盐 …… 适量

❑ 土佐醋 `3:2:1:1`

一次高汤（➡p.11）	30mL	➡3
醋	20mL	➡2
酱油	10mL	➡1
味啉	10mL	➡1

制作方法

1 将制作土佐醋的材料倒入小锅中，用中火加热，煮沸后关火，冷却。

2 将黄瓜削成薄片（➡p.85），浸入盐水（在200mL水中溶解3g盐）中，使黄瓜变软。

3 沥干**2**的水分，将1片黄瓜放在竹帘上，放上3根蟹棒，卷起来，切成一口大小。用相同的方法制作另一个。盛盘，淋入适量的土佐醋。

使用南蛮醋
南蛮渍鸡肉

材料（1人份）

鸡腿肉	1片（160g）
彩椒（红、绿、黄）	各1/2个
大葱	2根3cm长的段
红辣椒（去籽）	1个

❑南蛮醋 `7:3:1:1`

一次高汤（➡p.11）	200mL	➡7
醋	80mL	➡3
淡口酱油	30mL	➡1
味啉	30mL	➡1
砂糖	10g	

低筋面粉	适量
油炸用油	适量

制作方法

1 将彩椒、大葱切成长3cm×1cm的片。

2 将鸡肉切成一口大小，用刷子刷一层薄薄的面粉。

3 将油炸用油加热至170℃，放入**2**炸制后盛入盘中。将彩椒和大葱擦干水分，炸好后放入滤网中。淋入热水去油，沥干水分后放入盛鸡肉的盘中。加入红辣椒。

4 在锅中倒入制作南蛮醋的材料，用中火加热，煮沸后趁热倒入**3**的盘中，浸泡食材。

芝麻拌菜，让芝麻的香气连绵不绝。

芝麻拌四季豆

芝麻拌菜最重要的是**激发出芝麻的香气**。请在每次制作时都现炒芝麻，然后将刚炒好的芝麻磨碎，做成四季豆的外衣，这样风味会完全不同。这是只有家庭料理才会有的美味，请不要省略步骤。这里使用的是黑芝麻，但是白芝麻、核桃、坚果等任何有油脂和香味的食材，只要你喜欢，都可以使用。

四季豆用浓度为5%的盐水焯烫，海水的盐分含量为3%，大家可能会惊讶，焯烫用水竟然比海水的盐分浓度还高。这是为了使四季豆入味，用我的话说，就是打造"味之道"。"味之道"会使鲜香浓郁的芝麻外衣和四季豆的味道更融合，否则芝麻外衣和四季豆吃到嘴里的味道就成为不了一个整体。

材料（2人份）

四季豆	70g
盐	适量
酱油	适量

◙ 芝麻外衣

黑芝麻	10g
砂糖	1/2大勺
酱油	1小勺

1 翻炒黑芝麻。

将黑芝麻放入煎锅中，用中火加热。晃动煎锅，直到炒出香气。

我觉得四季豆的清香很适合搭配黑芝麻的浓香，也可以根据喜好使用白芝麻。

2 粗磨黑芝麻。

将 **1** 放入研磨钵中，用研磨棒粗磨黑芝麻，加入砂糖。

不要磨得过细。比起均匀细腻的口感，稍大的芝麻碎吃在嘴里更香。

3 加入酱油，做成芝麻外衣。

再次研磨，加入酱油。研磨至芝麻还有颗粒感的程度。这样芝麻外衣就做好了。

4 将四季豆焯水。

将锅中的水煮沸，加入盐，做成浓度为5%的盐水（500mL水中加入25g盐）。将四季豆切成4cm长的段，放入热水中，再次煮沸后，继续煮1分钟即可。

5 沥干水分。

将 **4** 放在滤网上，晃动滤网，沥干水分。

将四季豆用盐水焯烫入味后，会与芝麻外衣的味道更加融合。

6 将四季豆放入芝麻外衣中。

沥干四季豆的水分后，放入 **3** 中。

如果残留水分，就会因为水分过多而不好吃。

7 与芝麻外衣拌在一起。

用硅胶刮刀将所有食材拌匀，盛盘。

主厨之声

制作芝麻拌菠菜的方法略有不同。焯菠菜的水中不加盐，否则菠菜就会变软，口感上也会水分过多。正确的方法是，将菠菜焯水并沥干水分后，裹上酱油，然后挤干汁水，使菠菜入味，这叫做"酱油洗"。这里的酱油就起到了使芝麻外衣和菠菜的味道更融合的作用。如果没有这个步骤，吃起来的味道就不会是一个整体。

用豆腐的美味将食材拌在一起。

白拌油豆腐和魔芋丝

材料（2人份）

油豆腐	1/4片
魔芋丝	30g
胡萝卜	20g
生香菇	1朵
茼蒿	1根
昆布	1片边长5cm的方形

◙ **汤汁**

水	100mL
淡口酱油	5mL
清酒	2.5mL

◙ **白拌外衣**

豆腐	100g
砂糖	5g
淡口酱油	3mL
白芝麻酱	5g

准备

◉ 将油豆腐快速焯水去油，挤干水分后纵向对半切开，再切成极细的丝。

◉ 将魔芋丝快速焯水后，切成4cm长的段。

◉ 将胡萝卜切成细丝。

◉ 生香菇去柄后切成薄片。

◉ 茼蒿快速焯一下水，充分挤干水分，再切成4cm长的段。

　　白拌菜的外衣以豆腐为基础，加入砂糖和白芝麻提鲜，再和煮熟的食材拌在一起。因为颜色雪白，所以没有叫豆腐拌菜，而是叫白拌菜。经常有人问我，"是用南豆腐还是嫩豆腐好呢？"，我的回答是"你喜欢的就可以"。

　　我自己比较喜欢南豆腐，大豆的味道浓郁，磨碎之后还会残留豆腐的口感。豆腐需要按压控水后再使用，尤其是嫩豆腐的水分较多，请充分按压。但是其实我觉得不经过按压控水的豆腐更好吃，所以最好使用无需按压的硬一点的豆腐。真正美味的豆腐并不需要使用白芝麻和砂糖提味，只需要淋上有香味的酱油就足够好吃了。但是一般市面上销售的豆腐鲜味还是很少的，所以需要加入白芝麻和砂糖。我在这里使用了研磨钵来混合制作白拌外衣的食材，但是现在很多人家里都没有，也可以用打蛋器或是食物料理机轻松混合。

1 将豆腐控水。

用纱布或厨房用纸把豆腐包起来，放入滤网中，将装有水的盆压在豆腐上，放置15分钟，压出豆腐中的水分。控水后约重70g。

2 将豆腐磨碎。

将**1**放入研磨钵中用研磨棒研磨，磨成还有较粗的颗粒的状态。

3 调味。

加入调味料，再次研磨混合，制作白拌外衣。如果还有一点较粗的豆腐颗粒也没关系。

> 在日本的餐厅中，为了追求细滑的口感，会将外衣过筛。如果喜欢细滑的口感，也可以过筛。

4 焯烫食材。

将锅中的水煮沸，将处理好的油豆腐、魔芋丝、胡萝卜、生香菇一起用滤网浸入热水中，用筷子将食材分散开，烫10秒钟左右。沥干水分。

5 煮食材。

将制作汤汁的材料混合后，放入另一口锅中，加入**4**和昆布，用中火加热。煮沸后转成小火，煮3分钟左右，胡萝卜煮到略硬的状态时关火。

> 因为有生香菇、油豆腐等鲜味浓郁的食材，所以用水和昆布煮制即可。

6 将食材冷却。

将**5**直接放置冷却。如果着急，可以像图中一样，将食材和汤汁一起放入其他容器中，然后浸入冰水中快速冷却。降温后，加入茼蒿混合均匀，直到完全冷却。

> 为了不让茼蒿失去鲜艳的颜色，所以要在汤汁变凉后再放入。

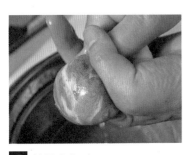

7 挤干水分。

将纱布铺在滤网上，放入**6**，沥出水分后用纱布将食材包起来，再充分挤干水分。

> 如果用厨房用纸挤出水分，厨房用纸就会破，所以不推荐。在挤出的汤汁中，打入一个鸡蛋，就成了美味的鸡蛋汤。

8 将白拌外衣与食材拌匀。

将**7**加入**3**中，用硅胶刮刀仔细拌匀。盛盘。

> 也可以像图中一样，将白拌外衣放入盆中与食材拌匀。

主厨之声

如果没有研磨钵，也可以在盆中混合制作白拌外衣的食材，这样也很简单。夏季豆腐容易坏，请煮熟使用。豆腐煮后，鲜味就会流失，所以请将豆腐切成小块，在短时间内煮熟。将煮熟的豆腐放在滤网上就可以沥水了。

【日本料理的变化】日本的万能调味料——蛋黄味噌

材料（方便制作的分量）

信州味噌	100g
蛋黄	1个
味啉	15mL
清酒	15mL
砂糖	3大勺

　　蛋黄味噌是在味噌中加入蛋黄和调味料熬成的。可以用它直接拌菜，也可以与醋混合做成醋味噌，还可以与花椒芽混合做成花椒芽味噌等，使用起来非常方便。蛋黄味噌可以冷藏保存2~3个月，但是为了能品尝到味噌最好的风味，请在2周之内用完。

也可以按照食材表中的比例加倍做好备用。在冰箱中可以冷藏保存2周。

制作方法

1 将所有食材放入锅中，用硅胶刮刀混合。

2 用小火加热，一边搅拌，一边使砂糖化开。锅中食材很快就会变稀。

3 保持轻微沸腾的状态，不停地搅拌，熬3分钟左右。如果过度加热，味噌的风味就会变淡。

4 从锅底铲起，若锅底没有残留就做好了。此时会感觉浓度有点稀，不过冷却之后会稍稍变稠，浓度就正好了。

用蛋黄味噌、醋、黄芥末做味噌拌菜外衣

味噌拌大虾和
裙带菜

　　酸甜味的醋味噌具有味噌的风味，再加上黄芥末，就做成了"味噌拌菜外衣"。食材以鱼贝和海藻或蔬菜的组合为主。

材料（1~2人份）

虾	2只
裙带菜（泡发）	20g
冬葱	2根

◙ **味噌拌菜外衣**

蛋黄味噌	30g
醋	1大勺
化开的黄芥末	1/2小勺

1 在锅中倒入醋，煮沸后冷却，或者将醋倒入小的容器中，用微波炉加热15秒。

2 制作味噌拌菜外衣。在大碗中放入蛋黄味噌、加入 **1** 和化开的芥末，充分搅拌均匀。

3 虾去壳后，用刀切开后背，去除虾线。将锅中的水煮沸，放入虾煮熟，捞出后放入冷水中，再用厨房用纸擦干。

4 将锅中的水煮沸，放入冬葱焯水，盛入滤网中沥干水分。将冬葱和裙带菜切成3cm长的段，再和 **3** 一起放入 **2** 中。

5 用硅胶刮刀搅拌均匀，使所有食材都裹上味噌拌菜外衣。盛盘。

使用蛋黄味噌的春夏秋冬料理

春

花椒芽味噌拌鱿鱼和竹笋

材料（2人份）

鱿鱼的身体	30g
独活	25g
焯好的竹笋	25g

◎ 汤汁

一次高汤（➡p.11）	100mL
淡口酱油	5mL

◎ 花椒芽味噌

蛋黄味噌（➡p.104）	40g
花椒芽	1g
天然绿色染料	8g

天然绿色染料其实是使外衣变成绿色的食材。这里使用的是焯水并充分挤干水分，再切成适宜大小的菠菜。

制作方法

1 独活去皮，与竹笋一起切成小滚刀块。将独活焯水，沥干水分。将制作汤汁的材料放入锅中混合，放入独活和竹笋，慢慢炖煮入味。

2 在鱿鱼的身体上划上横向和纵向的切口，然后再切成2cm宽的块。**1**煮好后，将鱿鱼放入锅中快速煮一下，用滤网捞出。

3 在研磨钵中放入花椒芽充分磨碎，加入蛋黄味噌，轻轻研磨。再加入天然绿色染料研磨均匀，做成漂亮的花椒芽味噌。

4 将**2**的汁水充分沥干，与**3**拌匀。盛盘，放上花椒芽（分量外）。

夏

绿紫苏味噌拌大虾

材料（2人份）

虾	4只
姜	20g
马铃薯淀粉	适量
低筋面粉	25g
水	35mL
油炸用油	适量

◎ 绿紫苏味噌

蛋黄味噌（➡p.104）	20g
绿紫苏（切碎）	10片

制作方法

1 将姜切成较粗的丝。将虾去壳，用刀开背后去除虾线。在虾的两面撒上马铃薯淀粉，将虾夹在烘焙用纸中，用研磨棒均匀地碾碎。

2 用虾将姜丝包起来，整理成圆柱形。在盆中放入面粉和水混合均匀，做成天妇罗外衣，浸入虾裹满外衣。用加热至170℃的油炸用油炸熟。

3 在研磨钵中放入蛋黄味噌和绿紫苏充分研磨，做成绿紫苏味噌。将绿紫苏味噌铺在容器底部，盛入**2**。

蛋黄味噌是一种制作简单的可储存调味料，只需要加入季节的香气，就能做成简单的拌菜外衣。

下面将介绍4种分别具有春夏秋冬不同季节感的拌菜外衣，将它们与应季的食材拌匀即可。

秋

利久味噌拌小芋头

材料（2人份）

小芋头·······················100g

A ┌ 水·······················300mL
  │ 盐·························2g
  └ 昆布···1片边长5cm的方形

◎ 利久味噌

┌ 蛋黄味噌（➡p.104）··· 30g
└ 炒白芝麻·················10g

制作方法

1 将小芋头去皮，切成一口大小。放入锅中，加入略少于芋头的水和少量的米（分量外），加热煮熟。用竹扦能轻松扎透芋头后，盛出放入凉水中，趁热沥干水分。

2 另起锅，放入Ⓐ的食材，加入**1**，用大火加热。煮沸后，转成小火，煮5分钟左右。

3 在研磨钵中放入蛋黄味噌和炒白芝麻，轻轻研磨，将芋头的汁水沥干，用硅胶刮刀搅拌均匀。

┌─────────────────┐
│ **主厨之声**   │
│   │
│ 利久味噌其实是全年都可 │
│ 以使用的。因为是秋天， │
│ 也可以加入辣椒粉增加辛 │
│ 辣的味道。如果小芋头很 │
│ 水嫩，简单地焯一下水也 │
│ 很美味，稍微老一点的芋 │
│ 头要等入味后再食用。用 │
│ 红薯或南瓜也可以。   │
└─────────────────┘

冬

味噌配炖白萝卜

材料（2人份）

白萝卜·······················1/6根

A ┌ 水·······················300mL
  │ 盐·························2g
  └ 昆布···1片边长5cm的方形

蛋黄味噌（➡p.104）··· 30g

柚子·························1/4个

┌─────────────────┐
│ 切下薄薄的1~2片柚子皮，再切 │
│ 成极细的丝，剩余的柚子请用擦 │
│ 丝器擦成泥。   │
└─────────────────┘

制作方法

1 将白萝卜切成2cm厚的圆片，去皮后用淘米水（另备）焯一下。

2 在锅中放入Ⓐ的材料，加入**1**煮至入味。

3 在另一口锅中加入蛋黄味噌、擦好的柚子泥、15mL水（分量外）。用小火加热，使食材化开，做成柚子味噌。

4 将**2**盛盘，淋入**3**。放上柚子皮。

葛粉芝麻豆腐

明胶芝麻豆腐

创新制作方法，
传统日本料理的制作会变得更简单。

芝麻豆腐2品

不使用葛粉也能制作芝麻豆腐

芝麻豆腐是将芝麻磨碎后，加入葛粉中，不停地搅拌熬煮，再冷却凝固制成的。这是芝麻豆腐的传统做法。虽然看起来是很高级的制作方法，但我却认为这是因为以前只能买到葛粉作为凝固材料。

我们尝试用新的方法来制作吧。**"豆腐"应该是白色方形的东西**，可以尝试用其他有凝固作用的材料，比如明胶，使豆浆凝固。最后，还将介绍一人份芝麻豆腐的制作方法。

不易失败，而且非常美味的芝麻豆腐

芝麻豆腐是素食料理，如果使用一般的昆布高汤，做出来的就可能味道不稳定或是鲜味不足，所以**请用豆浆代替高汤**，而且作为素食料理，我认为使用同是植物性并且鲜味非常强的豆浆也非常合适。但是直接使用豆浆会使豆腐的味道过浓，所以需要用水稀释。

芝麻豆腐淋上酱汁才更好吃。这里使用的酱汁调味稍浓，与日式炸豆腐酱汁的比例相同，高汤、酱油、味啉的比例为6:1:1。如果比这个味道淡，就不能驾驭豆腐的味道。做成素食料理时，因为不能使用柴鱼片做成的高汤，所以请添加用八丁味噌制作的蛋黄味噌（➡p.104）。

请使用煮成奶油状的芝麻酱，这样比将炒芝麻磨碎后再混合高汤的传统制作方法更加简单，而且口感更加顺滑，芝麻的味道也非常浓郁，十分方便。

◆ 明胶芝麻豆腐

材料（12m×7cm的模具1个）

豆浆（原味）	150mL
水	100mL
明胶	5g
芝麻酱	40g
盐	1g

○ 酱汁 6:1:1

二次高汤（➡p.11）	120mL ➡6
酱油	20mL ➡1
味啉	20mL ➡1
柴鱼片	2g
水	1小勺
马铃薯淀粉	1小勺
芥末	适量

准备

◎将明胶用与其等量的水（分量外）浸泡。

◆ 葛粉芝麻豆腐

材料（5个份）

豆浆（原味）	150mL
水	100mL
葛粉	25g
芝麻酱	40g
盐	1g

○ 酱汁 6:1:1

二次高汤（➡p.11）	120mL ➡6
酱油	20mL ➡1
味啉	20mL ➡1
柴鱼片	2g
水	1小勺
马铃薯淀粉	1小勺
青柚子皮（切丝）	适量

准备

◎准备冰水。

1 混合制作芝麻豆腐的原料。

在盆中放入芝麻酱，用打蛋器等工具搅拌均匀，慢慢加入少量的水，化开芝麻酱。再与豆浆混合，用盐调整味道。

2 过筛。

将滤网放在锅上，倒入 1 过筛。用硅胶刮刀按压残留在滤网上的芝麻酱过筛，不要有剩余。

3 加热至 80℃左右。

将 2 中的锅用较弱的中火加热，用硅胶刮刀搅拌，液体会逐渐变黏稠，加热到80℃左右时关火。

4 加入明胶化开。

加入浸泡过的明胶充分搅拌，使明胶完全化开。

> 如果过度加热明胶，凝固力就会变差。明胶能溶解在60℃左右的食材中，所以即使关火后再加入明胶，也可以使明胶完全化开。

5 倒入模具中，冷却凝固。

将模具内部用水擦拭一下，倒入 4。放入冰箱冷却凝固。

6 开始制作酱汁。

在锅中放入二次高汤、酱油、味醂、柴鱼片，煮沸后过筛。

> 这里追加了柴鱼片，为了不让鲜味过浓，所以使用了二次高汤。

7 煮至浓稠，做成酱汁。

过筛后，将汤汁倒回 6 的锅中，煮至微沸后，加入用等量的水溶解的马铃薯淀粉，充分搅拌均匀，煮至浓稠。冷却至常温备用。

8 切分，盛盘。

将 5 切分成易于食用的大小，盛盘，淋入 7，放上芥末。

1 将葛粉、芝麻酱、水混合均匀。

在盆中放入葛粉和芝麻酱，分2~3次慢慢地加入等量的水，化开食材。

2 混合至顺滑。

一次性加入剩余的水，充分搅拌至顺滑。

3 加入豆浆。

在**2**中加入豆浆，充分混合均匀。

4 过筛。

将滤网放在锅上，倒入**3**。用硅胶刮刀按压滤网上的材料过筛，不要有剩余。

5 用中火熬煮。

将**4**的锅用中火加热，用木铲搅拌。搅拌时，要将锅底的材料全部铲起来，锅边的也要在变焦之前铲掉。

6 用小火煮5分钟，调味。

煮到液体浓稠变硬后，为了防止焦糊，转成小火，再煮5分钟左右。最后加入盐调味，这样就煮好了。

7 给芝麻豆腐定型。

将保鲜膜铺在较浅的碗或盆中，每次放入60g的**6**。

8 挤成茶巾绞状。

捏住保鲜膜的顶端，拧紧，将芝麻豆腐挤成圆球，做成茶巾绞状，用皮筋系紧开口处。

9 浸入冰水中凝固。

快速浸入准备好的冰水中冷却凝固。

10 制作酱汁，盛盘。

用和p.110**6**~**7**相同的方法制作酱汁，冷却至常温备用。用剪刀剪掉**9**的封口，盛盘，淋入酱汁。放上青柚子皮。

将用葛粉凝固的芝麻豆腐放入冰箱冷藏保存时

经过步骤**9**的冷却凝固后，芝麻豆腐可以在冰箱中保存1周。但是葛粉长时间在冰箱中冷藏，口感会发生变化，柔滑的芝麻豆腐会变得干燥粗糙。那么，怎样才能恢复芝麻豆腐的美味呢？请在锅中放入水和用保鲜膜包裹着的芝麻豆腐，用较弱的中火加热，使温度慢慢升高，煮沸后，芝麻豆腐的中心会被完全加热，这时就能恢复原来柔滑的口感了，然后再用冷水稍稍冷却，盛盘即可。

甜味芝麻豆腐

制作芝麻豆腐时，用砂糖代替盐，就能做成精致的日本风味甜品了。这里切成了三角形，也可以在春天使用樱花模具，在秋天使用红叶模具，做出应季的形状。

材料

用2大勺糖代替1g盐做成的明胶芝麻
　豆腐（➡p.109~110）⋯⋯⋯ 适量

◙ 黑蜜（方便制作的分量，使用适
　量即可）

黑砂糖⋯⋯⋯⋯⋯⋯⋯	150g
砂糖⋯⋯⋯⋯⋯⋯⋯⋯	130g
水⋯⋯⋯⋯⋯⋯⋯⋯⋯	200mL
水糖⋯⋯⋯⋯⋯⋯⋯⋯	2大勺
醋⋯⋯⋯⋯⋯⋯⋯⋯⋯	1大勺

制作方法

1 制作黑蜜。将黑砂糖用刀切碎，放入小锅中，加入其他食材一起煮化，放凉备用。

2 将甜味的芝麻豆腐从模具中倒出，切成三角形。

3 将**2**盛盘，淋入**1**。

第四章

米饭和汤

日本料理的基础是米饭和汤。

在这一章中，将学习到焖饭、散寿司、

糯米饭等丰富的用米饭制作的美味。

请牢固掌握本书开头的基础知识和本章的内容，

使日常餐桌变得更丰富。

鲷鱼饭

沙丁雏鱼饭

炒大豆饭

只需要改变放入配料的时机，
什锦饭就会变得非常好吃。

什锦饭3品

将配料分3个时间段放入

与配菜一起蒸出的米饭只需要配上汤和简单的副菜，就能成为丰盛的一餐，制作起来非常方便。最常见的方法是将米、调味料、配料全部放入锅中一起焖制。前面已经教过"猪肉红薯什锦饭"的制作方法，只需要在正确的时机加入配料，米饭和配料就能变得更好吃。

配料可以分3个时间段加入。需要长时间加热的配料最先加入，需要充分加热却又不能过火的配料在中间加入，不加热也可以或是想要保留新鲜感的配料在快出锅时加入。这里介绍了3款在不同的时间段加入配料的什锦饭，分别是最先加入配料的炒大豆饭，在中间加入配料的鲷鱼饭，在快出锅时加入配料的沙丁雏鱼饭。如果使用电饭煲，注意有的不能在中间打开盖子，但是大部分都没有关系。快来尝试一下吧。

想要做出好吃的米饭，无需使用高汤

大家可能会问，做出好吃的米饭需要使用高汤吗？答案是不需要。如果想要品尝米饭纯净的味道，就没有必要加入高汤，反正我是不用的。我只加入水和补充味道的调味料，这样焖出的什锦饭更能突出米的鲜味和配料的风味，十分好吃。

此外，请不要忘记提前处理配料以突显风味。比如，鲷鱼需要用盐腌渍，去除异味并使其入味；加入猪肉前要焯一下，再去掉浮沫；用根菜和鸡肉制作五目饭时，也要事先焯水。这里将介绍使用砂锅焖饭的方法，如果用电饭煲也十分简单，提前处理要仔细做好哦。

◆ 炒大豆饭

材料（2～3人份）

米……………………2合（360mL）

🔄 调味料和配料 `10:1:1`

┌ 水……………………300mL ➡10
│ 淡口酱油……………………30mL ➡1
└ 清酒……………………30mL ➡1
大豆……………………100g
嫩葱……………………30g

准备

◉ 将大豆放入煎锅中，用较弱的中火加热，翻炒至轻微上色。
◉ 嫩葱切成小圆段，洗净后沥干水分。

◆ 鲷鱼饭

材料（2～3人份）

米……………………2合（360mL）

🔄 调味料和配料 `10:1:1`

┌ 水……………………300mL ➡10
│ 淡口酱油……………………30mL ➡1
└ 清酒……………………30mL ➡1
鲷鱼块……………………7块（80g）
盐……………………少量
鸭儿芹（切成3cm长）………5根

◆ 沙丁雏鱼饭

材料（2～3人份）

米……………………2合（360mL）

🔄 调味料和配料 `10:1:1`

┌ 水……………………300mL ➡10
│ 淡口酱油……………………30mL ➡1
└ 清酒……………………30mL ➡1
沙丁雏鱼……………………40g
绿紫苏（切丝）……………………6片

最先加入配料

炒大豆饭

1 将米洗净并浸泡，开始焖饭。

温柔地清洗大米，换水再次清洗，重复4～5次，然后在足量的水（分量外）中浸泡15分钟，再在滤网中放置15分钟。将米、调味料提前用煎锅炒好的大豆放入砂锅中。

2 调整火力，焖20分钟以上。

盖上盖子，用较强的中火加热，煮沸后将火调小一些，在煮沸的状态下大约焖7分钟。转成小火，再加热7分钟直到大米膨胀，再用更小的火焖5分钟。关火，再焖5分钟。

中间加入配料

鲷鱼饭

1 浸泡好大米，开始焖饭。

温柔地清洗大米，换水再次清洗，重复4～5次，然后在足量的水（分量外）中浸泡15分钟，再在滤网中放置15分钟。将米和调味料放入砂锅中，盖上盖子，用较强的中火加热。煮沸后将火调小一些，在煮沸的状态下大约焖7分钟。转成小火，焖7分钟直至看到大米膨胀。

2 在鲷鱼上撒盐腌渍。

在平盘中撒上盐，将鲷鱼块放在平盘上，再给朝上的一面撒上盐，腌渍20分钟。用水快速清洗一下，沥干水分。

快焖好时加入配料

沙丁雏鱼饭

1 浸泡好大米，开始焖饭。

温柔地清洗大米，换水再次清洗，重复4～5次，然后在足量的水（分量外）中浸泡15分钟，再在滤网中放置15分钟。将米和调味料放入砂锅中，盖上盖子，用较强的中火加热。煮沸后将火调小一些，在煮沸的状态下大约焖7分钟。调成小火，焖7分钟直至看到大米膨胀。再用更小的火焖5分钟。

2 放上沙丁雏鱼。

打开盖子，撒入沙丁雏鱼，盖上盖子再焖5分钟。

干燥的沙丁雏鱼焖制后会变得饱满。

3 将食材混合均匀。

打开盖子，将食材全部混合均匀，加入嫩葱，盛入碗中。

3 看到大米膨胀后，放上鲷鱼。

看到**1**的大米膨胀后，将**2**的鲷鱼平铺在米饭上，盖上盖子，用更小的火焖5分钟。

4 放上鸭儿芹。

关火后，再焖5分钟。中间将鸭儿芹撒入锅中。做好后，将鲷鱼取出，再拌匀米饭，按人数将米饭分配到碗中，放上鲷鱼作装饰。

关火后也不要打开盖子，请继续焖。

主厨之声

如果鲷鱼的新鲜度不是很好，就把鱼用盐腌渍后烤熟，再在相同的时间放入锅中。如果使用的是烤好的咸鲑鱼，请在米饭焖好的时候加入，然后搅拌均匀，要趁着还有蒸汽的时候搅拌。如果米饭凉了才搅拌，鱼肉的香味就不会渗入米饭中，配料和米饭的味道便不会融合。

3 出锅时放上绿紫苏。

出锅时放上绿紫苏。

4 上下翻拌，将米饭拌匀。

用饭铲从锅底开始搅拌，米饭中进入空气，口感会变得蓬松，同时将配料拌匀。

五目糯米饭

用蒸熟的糯米做成的饭叫糯米饭。

下面将要制作的五目糯米饭味道丰富，即使放凉，米粒也不会变硬。

五目糯米饭

糯米饭的基本做法是"蒸"，也可以使用电饭煲

普通的大米（粳米）饭是焖制的，而糯米饭是蒸制的。在日语中，蒸好的糯米还叫做"强饭"。糯米的淀粉与普通大米（粳米）的淀粉不同，更容易吸收水分，**如果用水焖制，就会变得黏黏糊糊，全部粘在一起，所以要用蒸汽加热**。但是在蒸制前，需要浸泡一晚，让糯米充分吸收水分。在蒸的时候，我会在糯米上洒一些盐水，这样蒸出的糯米饭更香，而且软硬度适中，即使凉了也不会变硬。

制作像五目糯米饭一样的有调味的糯米饭时，可以用煮配料的汤汁代替盐水加入糯米饭中，然后再蒸一次就可以出锅了。这样做出的糯米饭，粒粒蓬松，十分入味。

如果想使步骤更简单，也可以用电饭煲。但是焖糯米饭时加入的水要比焖粳米饭时少，否则焖出来会非常黏。糯米的浸泡时间与粳米相同，15分钟就足够了。

"蒸"和"焖"调味的方法不同

这里将介绍基本的蒸制方法和简单的焖制方法。除了加热方法不同，另一个明显不同的地方就是调味。**蒸的时候不易入味，所以调味较浓**，而且与焖制相比，蒸出的糯米饭更加松散，颗粒分明。

糯米饭的配菜组合也十分丰富，除了这里使用的组合，还可以用鸡肉搭配根菜，如混合做好的金平牛蒡等。把它看作什锦饭，就很容易想出不同的搭配。

另外，作为配料的牛蒡斜片并非要煮得很白，所以无需在醋水中浸泡，用清水洗净即可。如果浸泡过度，反而会失去牛蒡的香味。

本来使用5种配料的菜品才被称为"五目"，这里还加入了鸡肉，使用了6种配料，不过为了语言的优美，还是使用了"五目"这个名字。

◆ 五目蒸糯米饭

材料（方便制作的分量）
糯米⋯⋯⋯⋯⋯ 3合（540mL）

◻ 汤汁

水⋯⋯⋯⋯⋯⋯	100mL
清酒⋯⋯⋯⋯⋯	100mL
昆布⋯⋯⋯⋯⋯	2g
淡口酱油⋯⋯⋯	50mL
鸡腿肉⋯⋯⋯⋯	150g
生香菇⋯⋯⋯⋯	30g
牛蒡⋯⋯⋯⋯⋯	30g
胡萝卜⋯⋯⋯⋯	30g
焯过的竹笋⋯⋯	50g
大葱的葱叶部分	适量
鸭儿芹（快速焯水）	适量
黑胡椒⋯⋯⋯⋯	适量

◆ 五目焖糯米饭

材料（方便制作的分量）
糯米⋯⋯⋯⋯⋯ 3合（540mL）

◻ 调味料

水⋯⋯⋯⋯⋯⋯	400mL
淡口酱油⋯⋯⋯	50mL
鸡腿肉⋯⋯⋯⋯	150g
生香菇⋯⋯⋯⋯	30g
牛蒡⋯⋯⋯⋯⋯	30g
胡萝卜⋯⋯⋯⋯	30g
焯过的竹笋⋯⋯	50g
荷兰豆（快速焯水后切成细丝）	
⋯⋯⋯⋯⋯⋯⋯	5个

1 洗净糯米，浸泡。

将糯米洗净后，在足量的水（分量外）中浸泡一晚。

第二天

2 沥干水分。准备蒸锅和配料。

将 **1** 的糯米放在滤网上，充分沥干水分。在蒸锅中倒入足够的水，加热至上汽。鸡肉切成一口大小。胡萝卜和焯好的竹笋切成细丝。生香菇去柄后切成薄片。牛蒡削成斜片，用水洗净后沥干水分。

3 将除牛蒡以外的配料焯一下。

将锅中的水煮沸，胡萝卜、焯好的竹笋、生香菇、鸡肉用滤网浸入热水中烫10秒左右，同时用筷子将所有食材分散开。沥干水分。

> 因为不想使牛蒡的香味流失，所以不用焯牛蒡。

4 将食材煮熟后，冷却。

在锅中放入 **3** 和 **2** 中的牛蒡、制作汤汁的材料、提香的大葱，用大火加热，煮沸后将火调小，煮5分钟左右。将大葱取出后，撒入黑胡椒，关火冷却。

> 不要过度炖煮，否则鸡肉会变硬。

5 蒸糯米。

将纱布铺在带孔的平盘或滤网中，将 **2** 的糯米平铺放入，用手划出沟纹。放入上汽的蒸锅中。

> 划出沟纹是为了让蒸汽更容易通过。

6 糯米八成熟时取出。

用大火蒸20～30分钟时，糯米大约是八成熟，并未完全蒸熟，先取出糯米。如果中间蒸锅中的水没有了，请补充热水。

7 将配料和汤汁一起加入糯米中。

将 **6** 的糯米饭放入盆中。将 **4** 的配料和汤汁一起放入糯米饭中。

8 充分搅拌均匀。

用饭铲充分搅拌均匀，黏一点也没关系。

> 大家可能会觉得汤汁有点咸，其实这个调味对于蒸糯米饭来说正好。如果调味淡了，吃起来就会寡淡无味。

9 再蒸一次出锅。

将纱布铺在带孔的平盘或滤网中，将 **8** 连同汤汁一起平铺放入，用饭铲划出使蒸汽容易通过的沟纹，放入蒸锅中，再用大火蒸10分钟。将糯米饭盛入碗中，撒入鸭儿芹的茎，根据喜好撒入黑胡椒。

1 浸泡糯米，准备食材。

将糯米洗净后，在足量的水（分量外）中浸泡15分钟，再在滤网中放置15分钟。鸡肉切成一口大小。胡萝卜和焯好的竹笋切成细丝。生香菇去柄后切成薄片。牛蒡削成斜片，用水洗净后沥干水分。

2 将除牛蒡以外的配料焯一下。

将锅中的水煮沸，胡萝卜、焯好的竹笋、生香菇、鸡肉用滤网浸入热水中烫10秒左右，同时用筷子将所有食材分散开。沥干水分。

因为不想使牛蒡的香味流失，所以不用焯牛蒡。

3 将食材放入电饭煲的内胆中。

将 **1** 的糯米和 **2** 的配菜、调味料放入电饭煲的内胆中。

4 放上牛蒡，开始焖糯米饭。

将牛蒡放入电饭煲中，大致混合，使用快速程序。焖好后，不要打开盖子，再焖10分钟。

糯米已经浸泡过，使用快速程序即可。

5 将糯米饭拌匀。

用饭铲将糯米饭和配菜混合均匀。盛入碗中，撒上荷兰豆。

主厨之声

如果将焖好的糯米饭一直放在电饭煲里，余热就会使糯米饭变得软塌。因此，若不是马上吃，最好将糯米饭在大平盘中铺开放凉，使多余的水分蒸发掉。糯米饭凉了也很好吃，也可以用微波炉加热。

牛蒡削斜片的方法

牛蒡斜片常用于制作焖饭或炖煮菜，请大家掌握这种基本的削切方法。

1 将牛蒡上的泥洗干净后，在牛蒡表面纵向划上切口，转动牛蒡，这样纵向划一圈。

2 将牛蒡横向放置，顶端抵住砧板。将刀刃向外，像削铅笔一样，一边转动牛蒡，一边削下薄片。

3 可以将剩余无法握住的牛蒡纵向放置在砧板上切成薄片，重叠放置薄片，再切成细丝。如果想让煮出的牛蒡呈白色，可以将牛蒡放入醋中浸泡。

只需要用正确的方法混合佐料，
就能做出令人称赞的寿司饭。

散寿司

材料（方便制作的分量）

米	2合（360mL）
水	360mL

◎ 寿司醋（方便制作的分量，使用70mL）

醋	180mL
砂糖	120g
盐	50g

◎ 佐料

姜（切丝）	1块
绿紫苏（切丝）	10片
炒芝麻	2大勺
金枪鱼（红身）	100g

◎ 浸汁 2.5:1

酱油	25mL ➡2.5
味啉	10mL ➡1
鱼子	10g
鸡蛋丝	鸡蛋饼1片份
虾	2只
清酒	10mL
鸭儿芹	1把
烤海苔	适量

准备

◉ 将鸡蛋饼切成4cm长的鸡蛋丝。

◉ 用刀轻轻拍打虾。在小锅中放入虾和清酒，用中火加热，用筷子一边搅拌，一边翻炒。待虾变红、清酒也挥发完以后，将虾盛入滤网中，沥干水分。

◉ 快速焯一下鸭儿芹，切成3cm长的段。

在家庭中制作寿司时，我觉得大家都存在几个误解。比如"米饭要焖得偏硬"，这是日本寿司店对握寿司的要求，因为软的寿司饭不易拿起来，也不易握出形，因此要将米饭焖得偏硬。其实**柔软的寿司饭更好吃**，而且散寿司是用筷子夹着吃的，所以加水的分量与平时焖饭的分量相同即可。

此外，还有"一边用扇子扇风，一边混合寿司醋"的说法。如果制作1升米量的寿司饭，是需要这样做的，但是现在一般都使用2～3合米，就没有那个必要了。蒸好后，不将米饭盛到寿司桶或盆中，直接在电饭煲内胆中搅拌也可以，而且热的米饭更容易吸收寿司醋，这种方法更简单。总之，传统做法中不合理的地方不必照做，快来尝试一下吧。

接下来介绍的散寿司属于在寿司饭中混合佐料的"佐料寿司"。将佐料也和寿司醋一起混入饭中，**这样佐料的香味和鲜味会均匀地浸入米饭中，从而使寿司饭的味道更加丰富**。这里还放了金枪鱼和鱼子，做出待客的级别，其实放上任何配菜，都能做出令人称赞的散寿司。

1 将米浸泡好，用电饭煲焖制。

将米洗净后，在足量的水（分量外）中浸泡15分钟，再在滤网中放置15分钟。将米和足量的水放入电饭煲中，选择快速程序。

> 米已经浸泡过，使用快速程序即可。

2 制作寿司醋。

在盆中放入制作寿司醋的全部材料，充分搅拌至材料化开。盐很难化开，请特别注意。

> 提前做好会更方便，盐自然就溶化了。

3 给米饭淋上寿司醋。

1焖好后，淋入70mL**2**。

4 放入佐料。

接着放入全部佐料，用饭铲切拌。

> 不能过度搅拌，否则口感会变差。

5 使寿司饭中的水分蒸发。

将**4**倒入盆中，用饭铲打散，使多余的水分蒸发。盖上湿毛巾，不要让米饭变干。

> 醋会使佐料中的绿色紫苏变色，不用在意。

6 准备配菜。

在小锅中倒入味淋，加热至沸腾后，与酱油混合并冷却，制作成浸汁。将金枪鱼在热水中快速焯一下后，切成一口大小，再在浸汁中浸泡10～15分钟，盛入滤网中，沥干水分。

> 如果在浸汁中浸泡过度，金枪鱼的风味就会流失。最多15分钟就足够了。

7 盛盘。

将**5**盛入容器中，放入**6**、鱼子、鸡蛋丝、清酒炒虾、撒入撕碎的海苔和鸭儿芹拌匀。

> 寿司饭在稍凉时最好吃。只有在家中才能品尝到这种刚出锅的美味。

主厨之声

这里制作的寿司醋稍多于300mL，适用于1升米量的寿司饭。1合米使用35mL，差不多是2大勺多一点，这时调出的味道正好。寿司醋可以提前制作，这样可以使难以溶化的盐完全化开，想吃寿司时也能马上做好。

蛤蜊和汤汁都十分美味。

蛤蜊潮汁

潮汁就是咸鲜口味的汤，用鱼贝做出高汤的同时，鱼贝本身也成为了配菜。使用蛤蜊等贝类或是鲷鱼等清淡的白身鱼都能做出鲜香四溢的潮汁。

大家不仅想喝到美味的汤汁，**还想吃到鲜美的鱼贝吧**。蛤蜊肉如果煮过火就容易变硬，鲜味也会过度析出在汤汁中，因此要**从凉水开始加热，慢慢升高温度**，使蛤蜊肉内外同时受热。如果想专门品尝蛤蜊的鲜味，那么用盐和清酒调味就足够了，无需加入酱油的鲜味。

另外，蛤蜊可以用于制作贝合（日本古代的一种贝壳游戏），所以这道汤在3月女孩节的时候不可或缺。早春是贝类最鲜美的时节，一定要做这道蛤蜊潮汁品尝一下。

材料（4人份）

◻ 汤底

水	500mL
清酒	10mL
盐	2g
昆布	1片边长5cm的方形

蛤蜊	250g
裙带菜（泡发）	20g
大葱（切成细葱丝）	
	2根4cm长的段
独活	5cm长的段
珊瑚菜	2根
黑胡椒	适量

准备

◉ 将裙带菜切成大片。

◉ 将大葱切成细葱丝。纵向划开葱段，将葱白在砧板上展开，沿着纤维纵向切成细丝，过水备用。

◉ 独活切成较短的长方片。

1 确认蛤蜊的状态。

将蛤蜊互相轻轻敲击，去掉声音不清脆的蛤蜊。如果声音较高且清脆，就说明没有问题。

蛤蜊如果死了，声音就会发闷，不清脆。

2 使蛤蜊吐出沙子。

将蛤蜊浸泡在浓度为1.5%～2%的盐水（分量外。在1L水中加入15～20g盐）中，盖上盖子，在阴暗安静的地方放置30分钟，使蛤蜊吐出沙子。

3 去盐。

将蛤蜊快速清洗一下，在清水中浸泡2～3分钟。

有很多人去沙后就不再去盐，如果不去盐，汤就会变得很咸，所以千万不要忘记。

4 放在清水中，用中火加热。

将蛤蜊、足量的水和昆布放在锅中，用中火加热至沸腾。

5 撇去浮沫。

蛤蜊开口后，撇去浮沫。

6 煮好后捞出蛤蜊。

煮好后立刻关火。捞出蛤蜊和昆布，不要继续炖煮。

贝类非常容易变硬，千万不能过火。

7 加入裙带菜。

在**6**的锅中加入裙带菜，一边加热，一边使其入味。

8 调整味道。

用清酒和盐调整味道。将蛤蜊和裙带菜盛入碗中，再盛满热热的汤汁，放上细葱丝、珊瑚菜、独活，最后根据喜好撒入黑胡椒。

配菜丰盛的泽煮汤，
充满猪背油浓郁的鲜味。

泽煮汤

将根菜和蘑菇、猪背油一起用水煮，丰盈的鲜味会渗入汤汁中，再用酱油调味即可。泽煮在日语中的意思是将丰富的配菜煮成一碗汤，所以盛汤时一定要将配菜也一起盛入。泽煮汤风靡于昭和初期，是带有少量西式味道的日本料理。

材料（方便制作的分量）

┌ 水	400mL
└ 淡口酱油	1大勺略少
牛蒡	20g
焯过的竹笋	20g
独活	20g
胡萝卜	10g
大葱	10g
鸭儿芹	10g
生香菇	10g
猪背油	20g
黑胡椒	适量

1 将牛蒡、焯过的竹笋、胡萝卜切成4cm长的丝。将独活、大葱切成4cm长的细丝，鸭儿芹切成大段。生香菇去柄后，切成原来一半的厚度，再切丝。

2 将猪背油切成4cm长的细丝，涂上盐（分量外），腌渍15分钟。

如果不将猪背油提前抹盐腌渍，煮的时候就会化开。

3 将锅中的水煮沸，将牛蒡、焯过的竹笋、胡萝卜、生香菇用滤网放入热水中浸泡20分钟，并用筷子分散开。再将猪背油放入滤网中焯一下，然后沥干水分。

4 在另一口锅中放入**3**和水，用中火加热，煮到牛蒡变软。用淡口酱油调味，加入独活、大葱，再次煮沸。出锅时加入鸭儿芹，盛入碗中，根据喜好撒入黑胡椒。

为什么乌冬面和荞麦面的汤汁会浓淡不同？

　　乌冬面的汤汁口味较淡，而荞麦面的汤汁口味较浓，这个大家应该都知道。在本书中，制作这两种面的汤汁的方法也是不同的。乌冬面中高汤、酱油、清酒的比例为20：1：0.5，荞麦面中高汤、酱油、味啉的比例为15：1：0.5。据说这是因为乌冬文化起源于口味较淡的关西，荞麦文化起源于口味较浓的关东，但这不是真正的原因。真正的原因是，制作乌冬面时，在面粉中加了盐，而荞麦面没有。将面和汤汁综合起来看，二者的盐分基本是相同的。

　　二者使用的高汤也是不同的。乌冬面适合用小鱼干高汤，荞麦面适合用昆布和柴鱼片做成的高汤，而且鲜味越浓越好，所以要使用一次高汤。用大火煮开的高汤并不算高级，但是很适合搭配荞麦面，因为高汤的味道不能输于酱油的强烈鲜味。

加入油豆腐和葱的乌冬面

材料（1人份）

乌冬面（冷冻）	1团
油豆腐	1/2片
大葱	1/4根

⊙ 汤汁 20：1：0.5

小鱼干高汤（➡p.11）	300mL	➡20
淡口酱油	15mL	➡1
清酒	8mL	➡0.5

制作方法

1 将油豆腐烫一下去油，沥干水分后对半切开。将大葱斜向切开。

2 在稍大一点的锅中加入制作汤汁的材料、**1**、冷冻乌冬面，用大火加热。煮沸后，将火调小，煮5分钟左右，入味后盛入碗中。

加入鸭儿芹和裙带菜的荞麦面

材料（1人份）

荞麦面（干面）	1把
鸭儿芹	5根
裙带菜（泡发）	15g
葱	2根5cm长的段

⊙ 汤汁 15：1：0.5

一次高汤（➡p.11）	300mL	➡15
淡口酱油	20mL	➡1
味啉	10mL	➡0.5
柚子皮		适量

制作方法

1 将锅中的水煮沸，放入荞麦面，煮好后盛入滤网中，沥干水分。

2 将5根鸭儿芹合成一束打结，将裙带菜切成4cm长的块。在葱的表面划上斜向的刀口。

3 在另一口锅中放入制作汤汁的材料和葱，用大火加热，煮沸后将火调小，加入**1**，煮2分钟左右，加入裙带菜。温热裙带菜后，将面盛入碗中，放上**2**的鸭儿芹和柚子皮。

图书在版编目（ＣＩＰ）数据

野崎洋光的美味手册：日本料理完全掌握/(日)
野崎洋光著；刘晓冉译. –– 北京：中国民族摄影艺术
出版社，2018.5
　　ISBN 978-7-5122-1105-6

　　Ⅰ.①野⋯ Ⅱ.①野⋯ ②刘⋯ Ⅲ.①食谱—日本
Ⅳ.①TS972.183.13

中国版本图书馆CIP数据核字(2018)第042238号

TITLE：［「分とく山」野﨑洋光のおいしい理由。和食のきほん、完全レシピ］
BY：［野崎洋光］
Copyright © Hiromitsu Nozaki 2016
Original Japanese language edition published in 2016 by Sekai Bunka Publishing Inc.
All rights reserved. No part of this book may be reproduced in any form without the written permission of
the publisher.
Chinese (in Simplified Character only) translation rights arranged with Sekai Bunka Publishing Inc., Tokyo
through NIPPAN IPS Co., Ltd.

本书由日本株式会社世界文化社授权北京书中缘图书有限公司出品并由中国民族摄影艺术出版社
在中国范围内独家出版本书中文简体字版本。
著作权合同登记号：01-2017-8104

策划制作：北京书锦缘咨询有限公司（www.booklink.com.cn）
总 策 划：陈 庆
策　 划：余 璟
设计制作：柯秀翠

书　 名：野崎洋光的美味手册：日本料理完全掌握
作　 者：〔日〕野崎洋光
译　 者：刘晓冉
责　 编：连 莲
出　 版：中国民族摄影艺术出版社
地　 址：北京东城区和平里北街14号（100013）
发　 行：010-64906396 64211754 84250639
印　 刷：北京美图印务有限公司
开　 本：1/16　185mm×260mm
印　 张：8
字　 数：100千字
版　 次：2021年10月第1版第4次印刷
ISBN 978-7-5122-1105-6
定　 价：58.00元